サイエンス
ライブラリ 数学＝32

大学で学ぶ
微分積分 [増補版]

沢田賢／田中心／安原晃／渡辺展也　共著

サイエンス社

サイエンス社のホームページのご案内
http://www.saiensu.co.jp
ご意見・ご要望は　rikei@saiensu.co.jp　まで.

増補版　まえがき

　2005年に，この本の初版が出版されて早10年余の月日が流れ，その間に，多数の方々から様々な有益なご指摘をいただきました．それらのご指摘と著者の授業での使用経験を反映させ，また，新たに新進気鋭の数学者である田中心を執筆陣に加えて新鮮な風を吹き込み，この度，増補版を出すことといたしました．随所で，誤植を訂正し，より表現を明確にすることはもちろん，今回の改訂で特筆すべきは，第1章で，関数の概念の導入をさらに丁寧に行うようにし，第3章で，極限の考え方をより分かりやすく書き換えたところです．また，第5章では，2変数の関数に関して，連続性の説明を強化し，テイラーの定理とその極値問題への応用を書き加えました．さらに，各章末には，練習問題を加えています．

　終わりに，今回の改訂にあたり，サイエンス社の田島伸彦氏，鈴木綾子氏に大変お世話になりましたことを感謝いたします．

2017年1月

著　者

まえがき

　高校の微積と大学の微積の扱う内容には，大きな差はないが，その厳密性に関してはまったく異なります．

　微分積分学は，大学の初年度でまず学習する数学の1つです．既存の微分積分学の本は，筆者の知る限り，大きく2種類に分けられます．一方は，数学系の学生向けに書かれた，厳密な議論と難解な計算を両方含むものです．このような本は辞書的に持つ分にはよいのですが，初めて学習するには一般には適しません．厳密な議論を理解するのも大変な上，難解な計算が出てくるので，結局何もわからないまま，落ちこぼれる羽目になりかねません．他方は，応用面に重点を置くあまり，厳密さを犠牲にし，計算のテクニックだけを手っ取り早く習得させるために書かれたものです．確かにこのような本は，計算を習得するのには便利かもしれません．しかし，与えられた計算はできるのだが，理論を何かに応用しようとした場合に，何もできないというお粗末な結果を生む可能性があります．

　では，数学系及び応用として数学を必要とする学生のための入門書としては，どのような本を書くべきでしょうか．我々は，面倒な計算は省き，厳密さや理論を重視した本を書くことにしました．計算が得意である数学系の学生や計算が苦手で高度な計算を必要としない社会科学系の学生向けの本としては，面倒な計算は必要ないという判断と，また計算の複雑さが理論の理解の妨げにならないように考慮してのことです．スポーツにおいては，基礎体力とテクニックを身につけることが大切であるように，数学においても，理論という基礎体力，計算というテクニックを身につけることが重要です．本書では，まず基礎体力を身につけることを目的としました．

　厳密さを追求しただけでは理解は困難なので，本書では直観的な説明も加え，簡単な例や計算練習を随所に盛り込むことにより，理解の助けとなるように配慮しました．社会科学系の学生も意識して書いているので，数学の予備知識は中学卒業程度しか仮定していません．例えば，扱う関数の例は（ほんの一部を除き）本質的には多項式関数のみに限定しています．やや難しいと思われる部分は「補足・発展」という節で説明しています．基礎的な概念を理解することが目的ならば，第2章と「補足・発展」の節は読み飛ばして

まえがき

も問題ありません．

　全体で 100 ページを目標にして執筆したので，いくつかの内容は犠牲にしています．特に重積分の話はまるまる削りました．これらに関する学習はその後の課題として残すことにしました．

　終わりに本書執筆にあたり，サイエンス社の田島伸彦氏，渡辺はるか氏，またサイエンス社で本書を書くきっかけを与えていただいた寺田文行先生に大変お世話になりました．ここに記して感謝いたします．

2004 年 12 月

著　者

目 次

第1章 集合と写像 — 1
1.1 集 合 ……………………………………………………………… 1
1.2 集合の表し方 …………………………………………………… 2
1.3 集合の演算, 直積 ……………………………………………… 4
1.4 関 数 ……………………………………………………………… 5
1.5 関数の演算 ……………………………………………………… 9
1.6 関数のグラフ …………………………………………………… 11
1.7 写 像 ……………………………………………………………… 12
1.8 練 習 問 題 ……………………………………………………… 15

第2章 数 列 — 17
2.1 連続の公理 ……………………………………………………… 17
2.2 収束と発散 ……………………………………………………… 19
2.3 有界な単調数列 ………………………………………………… 23
2.4 極限に関する性質 ……………………………………………… 26
2.5 部 分 列 ………………………………………………………… 27
2.6 練 習 問 題 ……………………………………………………… 31

第3章 連 続 関 数 — 32
3.1 準 備 ……………………………………………………………… 32
3.2 関数の極限 ……………………………………………………… 36
3.3 関数の連続性 …………………………………………………… 44
3.4 補足・発展 ——連続関数の性質—— ……………………… 47
3.5 練 習 問 題 ……………………………………………………… 50

第4章 1変数関数の微分 — 51
4.1 平均変化率 ……………………………………………………… 51

4.2　微　　　分 ………………………………………… 52
　4.3　関数の近似と微分 ……………………………………… 57
　4.4　関数の増減，極値，平均値の定理 …………………… 61
　4.5　平均値の定理の応用 …………………………………… 65
　4.6　補足・発展 ——高階微分・テイラーの定理—— …… 69
　4.7　練　習　問　題 ………………………………………… 76

第5章　多変数関数の微分　　　　　　　　　　　　　77
　5.1　n 変 数 関 数 …………………………………………… 77
　5.2　2 変数関数の連続性 …………………………………… 78
　5.3　2 変数関数の微分 ……………………………………… 81
　5.4　偏　微　分 ……………………………………………… 84
　5.5　補足・発展 ——方向微分—— ………………………… 87
　5.6　補足・発展 ——多変数関数の高階微分・テイラーの定理—— … 92
　5.7　練　習　問　題 ………………………………………… 99

第6章　積　　　分　　　　　　　　　　　　　　　100
　6.1　定　積　分 ……………………………………………… 100
　6.2　積 分 可 能 性 …………………………………………… 105
　6.3　定積分の性質 …………………………………………… 109
　6.4　定積分と原始関数 ……………………………………… 112
　6.5　補足・発展 ——積分の性質—— ……………………… 117
　6.6　練　習　問　題 ………………………………………… 121

付　録　基礎的な関数・論理記号　　　　　　　　　122
　A.1　絶　対　値 ……………………………………………… 122
　A.2　指数関数・対数関数 …………………………………… 123
　A.3　三　角　関　数 ………………………………………… 125
　A.4　論　理　記　号 ………………………………………… 128
　A.5　対　　　偶 ……………………………………………… 131

索　　　引　　　　　　　　　　　　　　　　　　133

第1章

集合と写像

集合と写像に関する説明をする．ここでは，あまり深入りせず，本書を読み進める上での必要最小限の説明にとどめる．

1.1 集　　合

「もの」の集まりを**集合**といい，各ものをその集合の**元**（または**要素**）という．ここで「もの」とは，数や図形といった数学の対象はもちろんのこと，人や動物や植物といった，あらゆるものを意味する．もの a が集合 A の元であることを，a は A に属するといい，$a \in A$ で表し，もの a が集合 A の元ではないことを $a \notin A$ で表す．

いま，「ものの集まりを集合という」と説明したばかりだが，実は集合には次の重要な約束事がある．

集合 A に対し，もの x は A の元か否かが
ハッキリしていること

例えば，小学校の教室で先生が「前の方に座っている人は，後で職員室に来てください．」と言った場合は，生徒は自分はどうしたらよいのかわからないが，先生が「前から3列目までに座っている人は，後で職員室に来てください．」と言った場合は迷わないだろう．つまり「前の方に座っている人の集まり」では，生徒がその集まりに入るか否かがハッキリしないので，集合とは呼ばない．一方「前から3列目までに座っている人の集まり」は，生徒がその集まりに入るか否かがはっきりしているので，集合と呼ぶ．

したがって，**集合**は単なるものの集まりではなく，

範囲の確定した「もの」の集まり

と定義される．

先の例で「10 列目に座っている人の集合」を考える．もし，この教室の席が 6 列までしかない場合，この集合にはどんな生徒も属さない．このようにどんな「もの」も含まない集合を考えることも可能である．そこで，元を含まない集合を**空集合**といい，$\emptyset$ で表すことにする．

2 つの集合 A, B に対し，「$a \in A$ ならば $a \in B$」が成り立つとき，A は B に**含まれる**，または A は B の**部分集合**であるといい，$A \subset B$ と書く．任意の集合 A に対し，$\emptyset \subset A$ が成立する．また「$A \subset B$ かつ $B \subset A$」であるとき，A と B は**等しい**といい，$A = B$ と書く．

1.2 集合の表し方

集合はその表し方に，いくつかの作法がある．代表的なものを 3 つ紹介しよう．

> **1** 集めたいものを呼ぶ呼び方がすでに手短に確立しているときは，それを使ってこういうものを元とする集合と直接書いてしまう．

例 1.2.1 (1) 自然数全体の集合．これは通常 $\mathbb{N}$ と表す．
(2) 整数全体の集合．これは通常 $\mathbb{Z}$ と表す．
(3) 有理数全体の集合．これは通常 $\mathbb{Q}$ と表す．
(4) 実数全体の集合．これは通常 $\mathbb{R}$ と表す．
(5) 偶数全体の集合．
(6) 実数係数 2 次方程式全体の集合． ◆◆◆

> **2** カッコ { } を書いて，{ } の中に元を列挙する．(注: { } 以外のカッコは使わない．)

1.2 集合の表し方

例 1.2.2 (1) $\{1, 2, 3\}$
(2) $\mathbb{N}$ は $\{1, 2, 3, ...\}$ と表すこともできる．
(3) $\{x^2 + x + 1 = 0,\ x^2 + 2x - 1 = 0,\ 2x^2 - x + 3 = 0\}$
(4) $\{a, b, c\}$
(5) 集合 $A = \{2, 3, 4\}$ の部分集合全体の集合は
$$\{\emptyset, \{2\}, \{3\}, \{4\}, \{2, 3\}, \{3, 4\}, \{2, 4\}, A\}$$
である． ◆◆◆

> **3** $\{\ \}$ の中にどういうものを元としたいのかを文章で書いてしまう．例えば元としたいものを仮に記号 x で表すとして，まず x と書き，次に $|$ を書いてその後に x の条件を書く．

例 1.2.3 (1) $\{x \,|\, x$ は 2 で割り切れる自然数$\}$．これは偶数全体の集合と同じである．もちろん，$\{x \,|\, x = 2y, y \in \mathbb{N}\}$, $\{2a \,|\, a \in \mathbb{N}\}$ と表すこともできる．
(2) 実数係数 2 次方程式全体の集合は $\{ax^2 + bx + c \,|\, a, b, c \in \mathbb{R}, a \neq 0\}$ と表すことができる．
(3) よく使う集合として **区間** がある．$a, b \in \mathbb{R}, a < b$ とするとき

$$\begin{aligned}
\text{開区間}\quad & (a, b) = \{x \in \mathbb{R} \,|\, a < x < b\} \\
\text{閉区間}\quad & [a, b] = \{x \in \mathbb{R} \,|\, a \leq x \leq b\} \\
\text{左半開区間}\quad & (a, b] = \{x \in \mathbb{R} \,|\, a < x \leq b\} \\
\text{右半開区間}\quad & [a, b) = \{x \in \mathbb{R} \,|\, a \leq x < b\}
\end{aligned}$$

$\mathbb{R} = (-\infty, \infty)$ と表すこともある．(注: $\infty, -\infty$ は $\mathbb{R}$ の元ではない．) ◆◆◆

定義 1.2.4 集合 $M \subset \mathbb{R}$ が **最大値** をもつとは，ある元 $a \in M$ が存在し，任意の $x \in M$ に対し，$x \leq a$ が成立するときをいう．このとき，a を M の **最大値** といい，$\max M$ と書く．つまり，$\max M$ は M に含まれる最大の元である．

集合 $M \subset \mathbb{R}$ が **最小値** をもつとは，ある元 $a \in M$ が存在し，任意の $x \in M$ に対し，$a \leq x$ が成立するときをいう．このとき，a を M の **最小値** といい，$\min M$ と書く．つまり，$\min M$ は M に含まれる最小の元である． ◆◆◆

> **注意** 最大値や最小値は必ずしも存在するとは限らない．例えば，開区間 (a,b) に対して，a や b は開区間 (a,b) に含まれないので，$\min(a,b) \neq a$, $\max(a,b) \neq b$ である．a,b 以外で最小値，最大値になりそうな開区間 (a,b) の元はなさそうなので，区間 (a,b) は最小値も最大値ももたない気がする．確かに，開区間 (a,b) は最小値も最大値ももたないのだが，詳しくは 2 章で述べることにする．

例 1.2.5 (1) 集合 $\{1,3,5,7,8\}$ の元の中で 1 が最小で，8 が最大なので，$\min\{1,3,5,7,8\} = 1$, $\max\{1,3,5,7,8\} = 8$ である．

(2) 閉区間 $[1,2]$ において，$x \in [1,2]$ ならば $1 \leq x \leq 2$ かつ $1,2 \in [1,2]$ なので，$\max[1,2] = 2$, $\min[1,2] = 1$ である． ◆◆◆

1.3 集合の演算，直積

2 つの集合から 1 つの新しい集合を作る操作を説明しよう．

定義 1.3.1 A, B を集合とする．
集合 $\{x \mid x \in A$ または $x \in B\}$ を A と B の**和集合**といい，$A \cup B$ と書く．
集合 $\{x \mid x \in A$ かつ $x \in B\}$ を A と B の**共通集合**といい，$A \cap B$ と書く．
集合 $\{x \mid x \in A$ かつ $x \notin B\}$ を A から B を引いた**差集合**といい，$A - B$ と書く． ◆◆◆

例 1.3.2 $A = \{2,3,4\}$, $B = \{1,3\}$ とすると，
$$A \cup B = \{1,2,3,4\}, \quad A \cap B = \{3\}, \quad A - B = \{2,4\}$$
である． ◆◆◆

次に 2 つの集合の元を用いて新しい元を定義しよう．

定義 1.3.3 集合 A の元 a と集合 B の元 b を並べて得られるもの (a,b) を A と B の**順序対**という．A と B の全ての順序対の集合 $\{(a,b) \mid a \in A, b \in B\}$ を A と B の**直積集合**といい $A \times B$ と書く．

同様に，n 個の集合 $A_1, A_2, ..., A_n$ に対し，n 個の元の順序対 $(a_1, a_2, ..., a_n)$ からなる集合 $\{(a_1, a_2, ..., a_n) \mid a_1 \in A_1, a_2 \in A_2, ..., a_n \in A_n\}$ を，$A_1, A_2, ..., A_n$ の**直積集合**といい，$A_1 \times A_2 \times \cdots \times A_n$ と書く．また特に，集合 A に対し，n 個の A の直積集合 $A \times A \times \cdots \times A$ を A^n と書く． ◆◆◆

例 1.3.4 $A = \{2, 3, 4\}$, $B = \{1, 3\}$ とすると,
$$A \times B = \{(2,1), (2,3), (3,1), (3,3), (4,1), (4,3)\}$$
$$B \times A = \{(1,2), (1,3), (1,4), (3,2), (3,3), (3,4)\}$$
$$B^2 = B \times B = \{(1,1), (1,3), (3,1), (3,3)\}$$

である.

問 1.3.5 次の A, B に対し $A \cup B$, $A \cap B$, $A - B$, $A \times B$ をそれぞれ求めよ.
(1) $A = \{2, 3\}$, $B = \{1, 3\}$
(2) $A = \{1, 2, 3\}$, $B = \{1, 3, 5\}$
(3) $A = \{1, 2\}$, $B = \{1, 2, 3\}$
(4) $A = \emptyset$, $B = \{1, 3\}$

問 1.3.6 次の集合 A の部分集合全体の集合を求めよ.
(1) $A = \{2, 3\}$
(2) $A = \{2\}$
(3) $A = \{x, y, z\}$
(4) $A = \{(1, a), (1, b), (2, a), (2, b)\}$

問 1.3.7 次の A, B に対し $A \cup B$, $A \cap B$, $A - B$ をそれぞれ求めよ.
(1) $A = [2, 4]$, $B = [3, 5]$
(2) $A = [2, 4]$, $B = (3, 5)$
(3) $A = [2, 6]$, $B = (3, 5)$
(4) $A = [2, 4]$, $B = \{3\}$

1.4 関　　数

関数を簡単に言うと

　　　　各実数にある 1 つの数を対応させる「対応の規則」

のことである. いくつかの関数の例を挙げておこう.

例 1.4.1 各数に,その数の 2 乗を対応させる関数.

この規則によって,例えば

$$1 には 1^2 = 1, \ 2.1 には 2.1^2 = 4.41$$

が対応する.各数を代表して文字,a を用いれば

$$a には a^2$$

が対応する.この例 1.4.1 ではその「対応の規則」を文章で表したが,1 つの数式でその規則が表されることも多い.

例 1.4.2 実数 y に対して

$$\frac{y+3}{y^2+1}$$

を対応させる関数.この対応の規則によって,例えば

$$1 には \frac{1+3}{1^2+1} = 2, \ 2.1 には \frac{2.1+3}{2.1^2+1} = \frac{3.1}{5.31}$$

が対応する.ある数 a に対しては,

$$a には \frac{a+1}{a^2+1}$$

が対応する.これらの関数は,1 つの数式で定義されているが必ずしもそのような場合ばかりではない.

例 1.4.3 実数 x に対して,

$$x が有理数のとき 0, \ x が無理数のとき 1$$

を対応させる関数. ◆◆◆

上記の 3 つの例では,全ての実数に対してある数を対応させることができたが,必ずしも,そうであるとは限らない.

例 1.4.4 2 でない実数 a に対して,

$$\frac{a^3+a}{a-2}$$

を対応させる関数.この対応の規則が 2 に対して適用できないことは,明らかである. ◆◆◆

例 1.4.4 ではその「対応の規則」からの制限として,規則を適用する数が限られていたが,規則を適用する数を最初から限定してもよい.

1.4 関数

例 1.4.5 閉区間 $[-1, 2]$ の数 x に対して，x^2 を対応させる関数．この関数における「対応の規則」は，例 1.4.1 と同じであるが，対応の規則を適用する数が異なるので，異なる関数と考えることにする． ◆◆◆

例 1.4.1 の関数においては，全ての実数 x に対して，x^2 が対応しており，したがっていつも 0 以上の数である．この関数は，実数の集合 $\mathbb{R}$ の元に，$\mathbb{R}$ の部分集合である

$$Y = \{x \in \mathbb{R} \mid x \geq 0\}$$

の元を対応させる規則と考えられる．

ここで関数の定義を正確に述べておく．

定義 1.4.6 実数の部分集合 A, B と，A の任意の元に対して，B の 1 つの元を対応させる規則を**関数**という．また，集合 A をこの関数の**定義域**，集合 B をこの関数の**値域**という． ◆◆◆

関数を表すとき，関数，つまり「対応の規則」に名前をつけて，例えば，文字 f として，

$$f : A \to B$$

と表す．定義域 A の元（数）に，B の元が，対応の規則 f より対応しているということを $\to$ で表したものである．また，

「定義域の数 x に対し，対応の規則 f によって定まる値域の数」

を記号 $f(x)$ で表し，x の f による**値**という．$f(x)$ は，関数を表す記号ではなく，$f(x)$ は数である．したがって $g(f(x))$ という表現もたびたび使われる．これは数 $f(x)$ に対し，対応の規則 g により対応する数という意味である．

注意 対応の規則の名前としては，アルファベットの大文字・小文字を用いる．関数を意味する英語 "function" の頭文字である f はよく使われる名前だが，それ以外に，$g, h, \ldots, F, G, H, \ldots$ 等が用いられる．もちろん a, b, x, y 等も対応の規則の名前として用いることは可能であるが，これらは数を代表するという役割をもつことが多いので，あまり関数の名前としては用いられない．このようにどのようなとき，どのような文字を用いるかということの，慣習としての使用法はある．

【対応の規則の表し方】 定義域の各数にどのような数を対応させるかをはっきり示すことで 1 つの関数が決まる．したがって関数を
$$f : A \to B, \quad 対応の仕方$$
と表すことが多い．

例 1.4.7 関数
$$f : \mathbb{R} \to \mathbb{R}, \quad 数に対し，その数を 2 倍して 1 を加える$$
に対し，例えば，対応の規則 f により，3 に対応する数 $f(3)$ は
$$f(3) = 2 \times 3 + 1 = 7$$
となる．

このように対応の仕方 f を表すのも 1 つの方法ではあるが，多くの場合は式を用いて簡潔に表す．文章では表さない．つまりいろいろな数を代表して，文字，例えば x を用いて，この x に対応する数 $f(x)$ がどのような式になるかを表して，対応の仕方を記述する．例 1.4.7 の場合，
$$f : \mathbb{R} \to \mathbb{R}, \ f(x) = 2x + 1$$
または
$$f : \mathbb{R} \to \mathbb{R}, \ x \longmapsto 2x + 1$$
表せる．

この方法を用いて例 1.4.1 から例 1.4.5 までの関数を表してみよう．それぞれ対応の規則の名前を f, g, h, F, G とすれば，次のように表される．

例 1.4.8 (例 1.4.1) $f : \mathbb{R} \to \mathbb{R}, \quad f(x) = x^2$

例 1.4.9 (例 1.4.2) $g : \mathbb{R} \to \mathbb{R}, \quad g(y) = \dfrac{y+3}{y^2+1}$

例 1.4.10 (例 1.4.3) $F : \mathbb{R} \to \mathbb{R}, \quad F(x) = \begin{cases} 0 & (x \text{ が有理数のとき}) \\ 1 & (x \text{ が無理数のとき}) \end{cases}$

例 1.4.11　（例 1.4.4）　$h : X \to \mathbb{R}, \quad h(x) = \dfrac{x^3 + x}{x - 2}$.
　　　　　　ただし，$X = \{x \in \mathbb{R} \mid x \neq 2\}$　　◆◆◆

例 1.4.12　（例 1.4.5）　$G : [-1, 2] \to \mathbb{R}, \quad G(x) = x^2$　　◆◆◆

1.5 関数の演算

まず，特殊な関数の例を挙げておく．

例 1.5.1　（特殊な関数）
(1) 定数 $a \in \mathbb{R}$ に対し，次の関数を**定値関数**と呼ぶ．
$$f : \mathbb{R} \to \mathbb{R}, \ f(x) = a$$
(2) 次の関数を**恒等関数**と呼ぶ．
$$f : \mathbb{R} \to \mathbb{R}, \ f(x) = x$$
(3) 定数 $a, b \in \mathbb{R} \ (a \neq 0)$ に対し，次の関数を **1 次関数**と呼ぶ．
$$f : \mathbb{R} \to \mathbb{R}, \ f(x) = ax + b$$
(4) 定数 $a, b, c \in \mathbb{R} \ (a \neq 0)$ に対し，次の関数を **2 次関数**と呼ぶ．
$$f : \mathbb{R} \to \mathbb{R}, \ f(x) = ax^2 + bx + c$$
(5) 定数 $a_0, a_1, ..., a_{n-1}, a_n \in \mathbb{R}$ に対し，次の関数を**多項式関数**と呼ぶ．
$$f : \mathbb{R} \to \mathbb{R}, \ f(x) = a_n x^n + a_{n-1} x^{n-1} + \cdots + a_1 x + a_0$$

ここでは，2 つの関数から，1 つの新しい関数をつくる操作を説明しよう．これらの操作を用いると，上で紹介した特殊な関数から，新しい関数をつくることができる．

関数は値域が実数であるから，以下のように 2 つの関数から 1 つ関数を指定する操作が定義される．

定義 1.5.2 実数 $a \in \mathbb{R}$, 関数 $f : \mathbb{R} \to \mathbb{R}$, $g : \mathbb{R} \to \mathbb{R}$ に対し, f の a 倍 af, f と g の和 $f+g$, f と g の積 fg, f と g の商 $\dfrac{f}{g}$, f の絶対値 $|f|$, f と g の合成 $g \circ f$ を以下で定義する.

実数倍　$af : \mathbb{R} \to \mathbb{R}$, $(af)(x) = a \times f(x)$

関数の和　$f+g : \mathbb{R} \to \mathbb{R}$, $(f+g)(x) = f(x) + g(x)$

関数の積　$fg : \mathbb{R} \to \mathbb{R}$, $(fg)(x) = f(x) \times g(x)$

関数の商　$X = \{x \in \mathbb{R} \mid g(x) \neq 0\}$ とするとき $\dfrac{f}{g} : X \to \mathbb{R}$, $\dfrac{f}{g}(x) = \dfrac{f(x)}{g(x)}$

関数の絶対値　$|f| : \mathbb{R} \to \mathbb{R}$, $|f|(x) = |f(x)|$

関数の合成　関数 $f : \mathbb{R} \to \mathbb{R}$, $g : \mathbb{R} \to \mathbb{R}$ に対して, 関数

$$g \circ f : \mathbb{R} \to \mathbb{R},\ g \circ f(x) = g(f(x))$$

を f と g の合成関数という.

例 1.5.3 2つの関数 $f : \mathbb{R} \to \mathbb{R}$, $f(x) = 3x^2 + 1$, $g : \mathbb{R} \to \mathbb{R}$, $g(x) = x - 2$ に対して,

$$(4f)(x) = 4f(x) = 4(3x^2 + 1) = 12x^2 + 4$$
$$(f+g)(x) = f(x) + g(x) = (3x^2 + 1) + (x - 2) = 3x^2 + x - 1$$
$$(fg)(x) = f(x)g(x) = (3x^2 + 1)(x - 2) = 3x^3 - 6x^2 + x - 2$$
$$\frac{f}{g}(x) = \frac{f(x)}{g(x)} = \frac{3x^2 + 1}{x - 2} \quad (x \neq 2)$$
$$|f|(x) = |f(x)| = |3x^2 + 1|, \quad |g|(x) = |g(x)| = |x - 1|$$
$$g \circ f(x) = g(f(x)) = g(3x^2 + 1) = (3x^2 + 1) - 2 = 3x^2 - 1$$

となる.

問 1.5.4 次の2つの関数 f, g に関して $f+g$, fg, $\dfrac{f}{g}$, $|f|$, $|g|$, $f \circ g$, $g \circ f$ をそれぞれ求めよ.

(1) $f : \mathbb{R} \to \mathbb{R}$, $f(x) = 3x + 2$,　$g : \mathbb{R} \to \mathbb{R}$, $g(x) = x - 1$

(2) $f : \mathbb{R} \to \mathbb{R}$, $f(x) = -2x^2 + 1$,　$g : \mathbb{R} \to \mathbb{R}$, $g(x) = -3x - 2$

(3) $f : \mathbb{R} \to \mathbb{R}$, $f(x) = 3x^2 + 2x - 1$,　$g : \mathbb{R} \to \mathbb{R}$, $g(x) = -x^2 - 2$

(4) $f : \mathbb{R} \to \mathbb{R}$, $f(x) = 2$,　$g : \mathbb{R} \to \mathbb{R}$, $g(x) = 3x^2 - 2$

(5) $f : \mathbb{R} \to \mathbb{R}$, $f(x) = 3x^2 + 2x + 4$,　$g : \mathbb{R} \to \mathbb{R}$, $g(x) = -1$

1.6 関数のグラフ

中学や高校の授業で教わったように，関数を座標平面上の直線や曲線で表したものを関数のグラフと呼ぶ．関数のグラフを厳密に定義しようとすると，集合の言葉を用いた，次のような表現になる．

定義 1.6.1　関数 $f:\mathbb{R}\to\mathbb{R}$ に対し，$\mathbb{R}^2$ の部分集合
$$\{(x,f(x))\,|\,x\in\mathbb{R}\}$$
を f のグラフという．

$\mathbb{R}^2$ は座標平面と同一視できるから，関数のグラフは座標平面上の図形とも考えられる．

例 1.6.2　$f:\mathbb{R}\to\mathbb{R}$, $f(x)=2x+1$ とすると
$$f\text{ のグラフ}=\{(x,2x+1)\,|\,x\in\mathbb{R}\}.$$
これは，平面上の図形としてみると，点 $(0,1)$ を通り，傾き 2 の直線である（図 1.1）．

例 1.6.3　$f:\mathbb{R}\to\mathbb{R}$, $f(x)=x^2$ とすると
$$f\text{ のグラフ}=\{(x,x^2)\,|\,x\in\mathbb{R}\}.$$
これは，平面上の図形としてみるとき，放物線と呼ばれる曲線になる（図 1.2）．

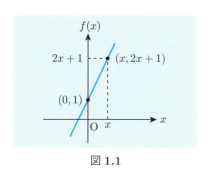

図 1.1

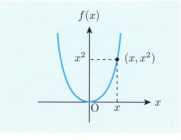

図 1.2

1.7 写像

この節では，関数の一般化である写像について説明する．

10人の人間が喫茶店に行き，各人が1つずつ飲み物を注文した．この10人の人間の集合を X，メニューに書かれた飲み物の種類の集合を Y とすると，X の各元（= 各人）に対し，Y のある元（= 注文した飲み物）が1つ定まる．

このような対応を数学的に定義する．

定義 1.7.1　2つの集合 X, Y に対し，X の各元に対し，Y の元が1つ決まるような対応の仕方を X から Y への**写像**という[注]．◆◆◆

「X の各元に対し，Y の元が1つ決まるような対応の仕方」という表現はいちいち書くのも面倒なので，対応の仕方を文字，例えば f，で表すことにして，以下のように表すことにする．

$$f : X \to Y.$$

先の例で，1人が2種類以上の飲み物を注文した場合は写像とは呼ばない．また，何も注文しない人がいた場合も写像でない．ただし，メニューの中で，注文されない飲み物があってもよく，異なる人間が同じ飲み物を注文しても構わない．（後で説明するが，メニューの全種類の飲み物が注文されている場合は，この写像は**全射**と呼ばれ，また，異なる人間が異なる飲み物を注文した場合は，**単射**と呼ばれる．）

写像

$$f : X \to Y$$

に対し，X を f の**定義域**，Y を f の**値域**という．$x \in X$ に対し，f によって決まる Y の元を，x の f による**像**といい，$f(x)$ と表す．また，X の部分集合 A に対し，集合

$$\{f(x) \mid x \in A\}$$

を A の f による像といい，$f(A)$ と表す．

写像 $f : X \to Y$ において，その値域 Y が $\mathbb{R}$ またはその部分集合であるとき

[注] 関数の場合とは異なり X と Y は必ずしも $\mathbb{R}$ の部分集合ではない．後で述べるように関数は写像の一種である．

$f : X \to Y$ を**関数**という.さらに定義域 X も $\mathbb{R}$ またはその部分集合であるとき 1.4 節で扱った関数であり,**1 変数関数**ともいう.この 1 変数関数の他に第 5 章で扱う 2 変数関数などがある.

写像 $f : X \to Y$ と $y \in Y$ に対し,f によって y に写される X の元の集合 $\{x \in X \mid f(x) = y\}$ を y の f による**逆像**といい,$f^{-1}(y)$ で表す.また,Y の部分集合 B に対し,集合 $\{x \in X \mid f(x) \in B\}$ を B の f による逆像といい,$f^{-1}(B)$ と表す.(注: $f(x)$ は Y の 1 つの元であるが,$f^{-1}(y)$ は X の部分集合であり,元の数も 1 つとは限らない.)

例 1.7.2 (1) $X = \{a, b, c\}$, $Y = \{2, 3, 4\}$ に対し,写像を
$$f : X \to Y,\ f(a) = 2,\ f(b) = 3,\ f(c) = 3$$
と定めると,
$$f^{-1}(2) = \{a\},\ f^{-1}(3) = \{b, c\},\ f^{-1}(4) = \emptyset,\ f^{-1}(\{2, 3\}) = X.$$

(2) 写像 $f : \mathbb{R} \to \mathbb{R}$, $f(x) = 2x - 2$ に対し,
$$f^{-1}(0) = \{x \mid 2x - 2 = 0\} = \{1\},\ f^{-1}([0, 2]) = \{x \mid 0 \le 2x - 2 \le 2\} = [1, 2].$$

(3) 写像 $f : \mathbb{R} \to \mathbb{R}$, $f(x) = 2x^2 + 5$ に対し,
$$f^{-1}(7) = \{x \mid 2x^2 + 5 = 7\} = \{-1, 1\},\ f^{-1}([1, 2]) = \emptyset. \qquad \blacklozenge\blacklozenge\blacklozenge$$

定義 1.7.3 写像 $f : X \to Y$ が**単射**であるとは,X の異なる元は,Y の異なる元に写されるとき,つまり
$$a \ne b \quad \text{ならば} \quad f(a) \ne f(b)$$
が成立するときをいう.また,
$$f(X) = Y$$
のとき,f は**全射**であるという.さらに,全射かつ単射のとき,**全単射**であるという.f が全射であるとき,Y の各元 y に対し,その逆像 $f^{-1}(y)$ は空ではない.また,単射のときは $f^{-1}(y)$ の元の個数は高々 1 つである.したがって,f が全単射の場合は,Y の各元 y に対し,その逆像 $f^{-1}(y)$ の唯一つの元を対応させることで,Y から X への写像を得る.これを f の**逆写像**といい,f^{-1}

で表す．つまり，
$$f^{-1}: Y \to X, \ y \mapsto f^{-1}(y) \text{ の元}^{(\text{注})}.$$

例 1.7.4

(1) 写像
$$f: \{a,b,c\} \to \{2,4,5,7\}, \ f(a) = 2, \ f(b) = 5, \ f(c) = 4$$
は単射である．一方，
$$f(\{a,b,c\}) = \{2,4,5\} \neq \{2,4,5,7\}$$
なので全射ではない．

(2) 写像
$$f: \{a,b,c,d\} \to \{2,4,5\}, \ f(a) = 2, \ f(b) = 5, \ f(c) = 4, \ f(d) = 2$$
は全射である．一方，
$$f(a) = f(d) = 2$$
なので単射ではない．

(3) 写像
$$f: \{a,b,c\} \to \{2,4,5\}, \ f(a) = 2, \ f(b) = 5, \ f(c) = 4$$
は全単射である．

問 1.7.5 単射であるが全射でない写像の例，全射だが単射でない写像の例，全単射の例をそれぞれ 3 つずつ挙げよ．

(注 元 y に対して，集合 $\{y\}$ の f による逆像と y の逆写像 f^{-1} の像は，同じものではないが，同じ記号 $f^{-1}(y)$ を用いている．

練習問題

1.1 $A = \{1, 2, a\}, B = \{1, 2\}$ とするとき，次の集合を求めよ．
(1) $A \cup B, A \cap B, A - B, B - A$
(2) $A \times B, B \times A$
(3) $\Gamma = \{X \mid X$ は，A の部分集合であるが，B の部分集合ではない$\}$

1.2 関数 $f : X \to \mathbb{R}, f(x) = \dfrac{1}{x^2 - 1}$ に対し，次の問に答えよ．
(1) この関数の定義域 X として適切なものを 1 つ求めよ．
(2) $f(f(y))$ で表される数が意味をもつ y の値を求めよ．
(3) $\dfrac{f(a+h) - f(a)}{h}$ を計算せよ．

1.3 集合 X を $\mathbb{R}^2$ の部分集合とする．$\mathbb{R}^2$ を定義域とする関数 $f : X \to \mathbb{R}$ を **2 変数関数**といい，$(x_1, x_2) \in X$ に対し，対応の規則 f のよって対応する値を $f(x_1, x_2)$ と表す．次の 2 変数関数
$$f : \mathbb{R}^2 \to \mathbb{R}, \quad f(x_1, x_2) = (x_1)^2 + (x_2)^2$$
に対し，次の問に答えよ．
(1) $f(1, -2)$ を求めよ．
(2) $f(a, b)$ を求めよ．
(3) $\dfrac{f(a+h, b) - f(a, b)}{h}$ を求めよ．

1.4 集合 $X = \{1, 2, 3\}$ とし，写像
$$\begin{aligned} f : X \to X, & \quad f(1) = 2, \quad f(2) = 1, \quad f(3) = 3 \\ g : X \to X, & \quad g(1) = 1, \quad g(2) = 3, \quad g(3) = 2 \\ h : X \to X, & \quad h(1) = 3, \quad h(2) = 2, \quad h(3) = 1 \end{aligned}$$
に対し，次の問に答えよ．
(1) 合成写像 $f^2 = f \circ f$ と $f \circ g$ を求めよ．
(2) 逆写像 f^{-1} と $(f \circ g)^{-1}$ を求めよ．

1.5 集合 $X = \{1, 2, 3\}$ に対し，次の問に答えよ．
(1) 次の条件を満たす単射である写像 $f : X \to X$ を全て求めよ．
$$\text{全ての } x \in X \text{ に対し，} f \circ f \circ f(x) = x$$
(2) 写像
$$\alpha : X \to X, \quad \alpha(1) = 1, \quad \alpha(2) = 3, \quad \alpha(3) = 2$$
を，(1) で求めたいくつかの写像の合成写像として作れるかどうかを考察せよ．

1.6 もの ∞ は, $\infty \notin \mathbb{R}$ とし, $X = \mathbb{R} \cup \{\infty\}$ とする.
写像 $f : X \to X$ を
$$f(x) = \begin{cases} 1 & (x = \infty) \\ \infty & (x = -1) \\ \dfrac{x}{x+1} & (x \in \mathbb{R} - \{-1\}) \end{cases}$$
と定める. このとき次の問に答えよ.
(1) 合成写像 $f \circ f$ を求めよ.
(2) f は全単射であるか否かを調べ, 全単射ならば逆写像 f^{-1} を求めよ.

数　列

ここでは，数列の収束について述べる．数列の収束を厳密に議論するためには，収束の定義をきちんと述べる必要がある．

2.1 連続の公理

集合 $M \subset \mathbb{R}$ に対して，最大値や最小値は常に存在するとは限らない．例えば，$M = (1, 2]$ のとき，$\max M = 2$ だが $\min M$ は存在しない．実際，$\min M = a \in M$ とすると，$a > 1$ なので，a と 1 の間に a より小さい M の元 $\left(\text{例えば，1 と } a \text{ の中点} \dfrac{1+a}{2}\right)$ が存在することになり，a が最小値であることに矛盾する．

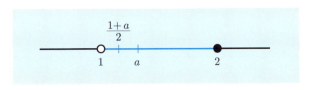

図 2.1

$\min M = 1$ であると勘違いするかもしれないが，1 は M の元ではないので，最小値の条件に反する．1 は $\min M$ ではないが，1 より少しでも小さな数は M に属さず，1 のどんな近くにも，1 以上の M の元が存在する．つまり，1 は M にとって「ギリギリの数」であると言える．このような「ギリギリの数」をモデルとして定義したものが，次で述べる上限，下限である．定義に従うと，1 は M の下限となる．

定義 2.1.1 （上限，下限） 集合 $M \subset \mathbb{R}$ が**上に有界**であるとは，ある実数 $a \in \mathbb{R}$ が存在し，任意の $x \in M$ に対し，$x \leq a$ が成立するときをいう．このとき，a を M の**上界**という．集合 M の上界の集合が最小値をもつとき，その最小値を M の**上限**といい $\sup M$ と書く．

集合 $M \subset \mathbb{R}$ が**下に有界**であるとは，ある実数 $a \in \mathbb{R}$ が存在し，任意の $x \in M$ に対し，$a \leq x$ が成立するときをいう．このとき，a を M の**下界**という．集合 M の下界の集合が最大値をもつとき，その最大値を M の**下限**といい $\inf M$ と書く．

集合 M が上にも下にも有界なときに M は**有界**であるという． ◆◆◆

例 2.1.2 開区間 $(1,2)$ の上界は $\{x \mid 2 \leq x\}(= [2, \infty))$ なので
$$\sup (1,2) = \min [2, \infty)$$
$$= 2.$$
また，開区間 $(1,2)$ の下界は $\{x \mid x \leq 1\}(= (-\infty, 1])$ なので
$$\inf (1,2) = \max (-\infty, 1]$$
$$= 1.$$
◆◆◆

注意 定義 2.1.1 からわかるように，$\max M$ や $\min M$ は M の元であるが，$\sup M$ や $\sup M$ は M の元とは限らない．また，集合 M が最大値をもつときは $\max M = \sup M$ が成立し，最小値をもつときは $\min M = \inf M$ が成立する．

前にも述べたように，集合は（有界な場合でも）最大値・最小値をもつとは限らない，上限・下限については以下のことが成立することを認める．

連続の公理 上に有界な集合 $M \subset \mathbb{R}$ は上限をもつ．下に有界な集合 $M \subset \mathbb{R}$ は下限をもつ．

上限，下限の定義のいい換えとして，次の命題 2.1.3 を得る．証明は練習問題とする．

命題 2.1.3 (1) 上に有界な集合 M に対し，$\sup M = \alpha$ であるための必要十分条件は次の (i),(ii) が同時に成立することである．
  (i) 任意の $x \in M$ に対し，$x \leq \alpha$.
  (ii) 任意の $\varepsilon > 0$ に対し，$M \cap (\alpha - \varepsilon, \alpha] \neq \emptyset$.
(つまり，(i) α より大きな M の元は存在せず，(ii) α 以下の M の元が，α のどんな近くにも存在する.)
(2) 下に有界な集合 M に対し，$\inf M = \beta$ であるための必要十分条件は次の (i),(ii) が同時に成立することである．
  (i) 任意の $x \in M$ に対し，$\beta \leq x$.
  (ii) 任意の $\varepsilon > 0$ に対し，$M \cap [\beta, \beta + \varepsilon) \neq \emptyset$.
(つまり，(i) β より小さな M の元は存在せず，(ii) β 以上の M の元が，β のどんな近くにも存在する.)

例 2.1.4 実数 a, b $(a < b)$ に対し，
(1) $\max [a, b] = b$，$\max (a, b)$ は存在しない．
(2) $\min [a, b] = a$，$\min (a, b)$ は存在しない．
(3) $\sup [a, b] = \sup (a, b) = b$
(4) $\inf [a, b] = \inf (a, b) = a$

問 2.1.5 半開区間 $(a, b]$, $[a, b)$ に対し，max, min, sup, inf のそれぞれを調べよ．

2.2 収束と発散

数を一定の順序に並べたもの
$$a_1, a_2, ..., a_n, ...$$
を**数列**という．また，各数を数列の**項**と呼ぶ．異なる項が同じ数であってもよく，例えば，
$$1, 1, 1, ...$$

と 1 を並べたものも数列である．大事なのは数列の各項には順序がつけられているということである．番号 n に対して，項 a_n が決まるので，数列とは自然数 $\mathbb{N}$ から実数 $\mathbb{R}$ への関数 $f : \mathbb{N} \to \mathbb{R}, n \mapsto a_n$ である．数列は記号 { } を用いて

$$\{a_1, a_2, ..., a_n, ...\} \quad \text{または} \quad \{a_n\}_{n=1}^{\infty}$$

で表す．記号 { } は集合の記号と同じものを使っているが，数列として使う場合と集合として使う場合とは意味が違うので注意すること．例えば，$a_n = 1$ $(n = 1, 2, 3, ...)$ で定められる数列を記号 { } で表すと $\{1, 1, 1, ...\}$ であるが，この記号を集合として使うと $\{1, 1, 1, ...\} = \{1\}$ である．

数列 $\{a_n\}_{n=1}^{\infty}$ において，n が大きくなるにつれ，a_n がある実数 α に近づくとき，$\{a_n\}_{n=1}^{\infty}$ は α に**収束する**といい

$$n \to \infty \text{ のとき } a_n \to \alpha$$

または

$$\lim_{n \to \infty} a_n = \alpha$$

で表す．

この定義において，「α に近づく」は，よくよく考えると厳密さに欠けた表現である．例えば，$a_n = \dfrac{1}{n}$ としたとき，$\lim\limits_{n \to \infty} a_n = 0$ となることは，直観的にはわかるが，「証明は？」と聞かれたら，返答に窮するであろう．何を示せばよいかを確かめるために定義に立ち帰ってみても，結局，何の手がかりも得られない．また，a_n は $-\dfrac{1}{10}$ や $-\dfrac{1}{100}$ 等にもだんだん近づいていくので，$\lim\limits_{n \to \infty} a_n = -\dfrac{1}{10}, -\dfrac{1}{100}$ であることを否定しきれない．

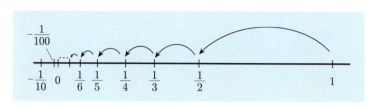

図 **2.2**

実は「n が大きくなるにつれ，a_n がある実数 α に近づく」というのは，収束の定義ではなく，だいたいこんな感じという説明に過ぎない．定義がだいたいでしか与えられていないので，説明もだいたいにしかできないのは，当然である．

2.2 収束と発散

では，収束の本当の定義は何なのか？それを説明する前に，$a_n = \dfrac{1}{n}$ は 0 に近づくが，$-\dfrac{1}{10}$ や $-\dfrac{1}{100}$ には近づくとは思えないのはどうしてなのかを考えてみよう．確かに，a_n は n が大きくなるにつれ，$0, -\dfrac{1}{10}, -\dfrac{1}{100}$ に近づいていく．決定的な違いは，0 のどんな近くにも $a_n, a_{n+1}, a_{n+2}, ...$ があるように n を選べるのに対し，$-\dfrac{1}{10}$ や $-\dfrac{1}{100}$ と a_n とは一定の距離以上に離れている．つまり，「どんな近くに」という表現をすることで，$-\dfrac{1}{10}$ や $-\dfrac{1}{100}$ に収束することを否定できる．「どんな近くに」という表現には依然として曖昧さが残るので，「どんな（小さな）$\varepsilon > 0$ に対しても，0 との距離が ε より近くに」といいかえることで，次の表現に到達する．

> どんな $\varepsilon > 0$ に対しても，0 と $a_n, a_{n+1}, a_{n+1}, ...$ との
> 距離が ε より近くになるように n が選べる．

この表現をもう少し，数学っぽくすると，次の定義になる．この定義に従うと，$\displaystyle\lim_{n \to \infty} \dfrac{1}{n} = 0$ であることが証明できる（次節の例題 2.3.5 を参照）．

定義 2.2.1 数列
$$\{a_n\}_{n=1}^{\infty} = \{a_1, a_2, ..., a_n, ...\}$$
が実数 α に**収束する**とは，任意の正の実数 ε に対して，ある自然数 N が存在して
$$N < n \quad \text{ならば} \quad |a_n - \alpha| < \varepsilon$$
が成立するときをいい，
$$n \to \infty \text{ のとき } a_n \to \alpha$$
または
$$\lim_{n \to \infty} a_n = \alpha$$
と表す．このとき，α を数列 $\{a_n\}_{n=1}^{\infty}$ の**極限値**という．収束しない数列は**発散する**という． ◆◆◆

注意 上で，$a_n = \dfrac{1}{n}$ の極限は 0 にはなるが，$-\dfrac{1}{10}$ や $-\dfrac{1}{100}$ にはならないと述べたが，一般に極限値はあるとすればただ 1 つである．これを**極限の一意性**という．

実際，もし数列 $\{a_n\}_{n=1}^\infty$ の極限が 2 つ α, β $(\alpha \neq \beta)$ あるとすると，$\varepsilon = \dfrac{|\alpha - \beta|}{3}$ に対して，ある自然数 N が存在して

$$N < n \quad \text{ならば} \quad |a_n - \alpha| < \varepsilon, \ |a_n - \beta| < \varepsilon$$

が成立するが，

$$3\varepsilon = |\alpha - \beta| = |\alpha - a_n + a_n - \beta| \leq |a_n - \alpha| + |a_n - \beta| < 2\varepsilon$$

となり，矛盾が生じる．したがって，数列 $\{a_n\}_{n=1}^\infty$ が収束するならば，その極限値はただ 1 つである．

注意 各 n に対し，$a_n = 1$ である数列は，動きがないので「1 に近づく」という感じはしないが，定義に従うと，1 に収束する．実際，任意の $\varepsilon > 0$ に対し，n に関係なく $|a_n - 1| = 0 < \varepsilon$ が成立するので，例えば，$N = 5$ とすると，$N < n$ ならば $|a_n - 1| < \varepsilon$ が成立する．

発散する数列 $\{a_n\}_{n=1}^\infty$ に対し，特殊な発散の仕方として，n が大きくなるほど，a_n がどんどん大きくなる場合や，逆にどんどん小さくなる場合がある．

定義 2.2.2 数列 $\{a_n\}_{n=1}^\infty$ が**正の無限大に発散する**とは，任意の正の実数 M に対して，ある自然数 N が存在して

$$N < n \quad \text{ならば} \quad M < a_n$$

が成立するときをいい，

$$n \to \infty \text{ のとき } a_n \to \infty$$

または

$$\lim_{n \to \infty} a_n = \infty$$

と表す．また，数列 $\{a_n\}_{n=1}^\infty$ が**負の無限大に発散する**とは，任意の負の実数 M に対して，ある自然数 N が存在して

$$N < n \quad \text{ならば} \quad a_n < M$$

が成立するときをいい，

$$n \to \infty \text{ のとき } a_n \to -\infty$$

または

$$\lim_{n \to \infty} a_n = -\infty$$

と表す．($\infty, -\infty$ は実数ではないので，これらを極限値とは呼ばないことに注意する．)

数列が ∞ または $-\infty$ に発散することを**定発散する**という．定発散以外の発散する数列は**振動する**（または**不定発散する**）という． ◆◆◆

2.3 有界な単調数列

以後，特に誤解の生じない限り数列 $\{a_n\}_{n=1}^{\infty}$ を単に $\{a_n\}$ と表すことにする．

数列 $\{a_n\}$ が**単調増加**であるとは，各 n に対し，$a_n \leq a_{n+1}$ となるときをいう．逆に，$a_n \geq a_{n+1}$ となるとき，**単調減少**であるという．

定理 2.3.1
(1) 上に有界な単調増加数列 $\{a_n\}$ に対し，
$$\lim_{n \to \infty} a_n = \sup\{a_n \mid n \in \mathbb{N}\} \text{ が成立する．}$$
(2) 下に有界な単調減少数列 $\{a_n\}$ に対し，
$$\lim_{n \to \infty} a_n = \inf\{a_n \mid n \in \mathbb{N}\} \text{ が成立する．}$$

証明 (1) $\sup\{a_n\} = \alpha$ とおくと，任意の $\varepsilon > 0$ に対し，
$$\alpha - \varepsilon < a_N \leq \alpha$$
となる $a_N \in \{a_n\}$ が存在する．数列 $\{a_n\}$ は単調増加で，α は $\{a_n\}$ の上限なので
$$N \leq n \quad \text{ならば} \quad \alpha - \varepsilon < a_n \leq \alpha.$$
したがって
$$|a_n - \alpha| < \varepsilon.$$
(2) (1) の場合と同様． □

問 2.3.2 上の定理の (2) を証明せよ．

命題 2.3.3 （アルキメデス (Archimedes) の定理） 任意の正の実数 $a > 0$ に対し，数列 $\{na\}$ は ∞ に発散する．つまり，$\displaystyle\lim_{n \to \infty} na = \infty$.

証明 まず，数列 $\{na\}$ が上に有界でないことを背理法で示す．上に有界であるとし，$\sup\{na\} = \alpha$ とおく．このとき $\varepsilon = a > 0$ として命題 2.1.3(i)(ii) を用いると，自然数 N が存在し，
$$Na \in (\alpha - a, \alpha] \quad (\Leftrightarrow \quad \alpha - a < Na \leq \alpha)$$
を満たす．特にこのとき
$$\alpha - a < Na \quad \Leftrightarrow \quad \alpha < (N+1)a$$
となるが，これは α が上限であることに矛盾するので，数列 $\{na\}$ は上に有界でない．このことと数列 $\{na\}$ の単調増加性より無限大に発散する． □

問 2.3.4 任意の負の実数 $a < 0$ に対し，数列 $\{na\}$ は $-\infty$ に発散することを証明せよ．

例題 2.3.5 数列 $a_n = \dfrac{1}{n}$ $(n = 1, 2, ...)$ に対し，$\lim\limits_{n \to \infty} a_n = 0$ であることを定義にしたがって確かめよ．

解答 $\lim\limits_{n \to \infty} n = \infty$ なので，$\varepsilon (> 0)$ に対し，自然数 N が存在し
$$n > N \quad \text{ならば} \quad \dfrac{1}{\varepsilon} < n$$
となる．したがって，
$$n > N \quad \text{ならば} \quad |a_n - 0| = \left|\dfrac{1}{n}\right| < \dfrac{1}{\frac{1}{\varepsilon}} = \varepsilon. \quad □$$

問 2.3.6 次の各数列の極限値が 0 であることを定義にしたがって確かめよ．
(1) $a_n = \dfrac{5}{n}$ $(n = 1, 2, ...)$
(2) $a_n = \dfrac{1}{n^2}$ $(n = 1, 2, ...)$
(3) $a_n = \dfrac{1}{\sqrt{n}}$ $(n = 1, 2, ...)$

上の例題と同様な議論で，次の命題 2.3.7 が得られる．

2.3 有界な単調数列

命題 2.3.7 数列 $\{a_n\}$ に対し,$\lim_{n\to\infty} a_n = \infty$ ならば $\lim_{n\to\infty} \dfrac{1}{a_n} = 0$. ただし,$a_n \neq 0$ $(n=1,2,...)$ とする.

問 2.3.8 上の命題を証明せよ.

命題 2.3.9 数列 $a_n = r^n$ $(n=1,2,...)$ に対し,以下が成立する.
$$\lim_{n\to\infty} a_n = \begin{cases} 0 & (|r|<1) \\ 1 & (r=1) \\ \infty & (r>1) \\ \text{振動する} & (r \leq -1) \end{cases}$$

証明 $r>1$ の場合.$r = 1+h$ $(h>0)$ とおくと
$$(1+h)^n = 1 + nh + \cdots + nh^{n-1} + h^n > nh.^{(注)}$$
ここで $\lim_{n\to\infty} nh = \infty$ なので,任意の M に対し,ある $N \in \mathbb{N}$ が存在し,
$$n > N \quad \text{ならば} \quad nh > M.$$
つまり $r^n = (1+h)^n > M$ となり,
$$\lim_{n\to\infty} r^n = \infty$$
を得る.

$|r|<1$ の場合.$r=0$ のときは明らかなので,$r \neq 0$ の場合を考える.$\dfrac{1}{|r|} = b$ とすると,$b>1$ より,$\lim_{n\to\infty} b^n = \infty$.したがって命題 2.3.7 より
$$\lim_{n\to\infty} |r^n| = \lim_{n\to\infty} |r|^n = \lim_{n\to\infty} \frac{1}{b^n} = 0.$$
つまり
$$\lim_{n\to\infty} r^n = 0.$$
$r=1$ の場合は明らかに成立する.

$r \leq -1$ の場合.$\lim_{n\to\infty} r^n = b$ とすると,任意の n に対し
$$|r^n - b| + |b - r^{n+1}| \geq |r^n - r^{n+1}| = |(1-r)r^n| > 2|r^n| \geq 2$$
なので矛盾.また,n の偶奇により r^n の符号が変わるので,定発散しない. $\square$

(注 $(a+b)^n = \sum_{r=0}^{n} {}_n\mathrm{C}_r a^{n-r} b^r = a^n + na^{n-1}b + \cdots + nab^{n-1} + b^n$

2.4 極限に関する性質

関数の極限と同様, 数列の極限に対しても次の性質が成り立つ.

定理 2.4.1 数列 $\{a_n\}, \{b_n\}$ に対して, $\lim_{n\to\infty} a_n = \alpha$, $\lim_{n\to\infty} b_n = \beta$ のとき,

(1) 定数 c に対し, $\lim_{n\to\infty} ca_n = c\alpha$.

(2) $\lim_{n\to\infty} (a_n \pm b_n) = \alpha \pm \beta$

(3) $\lim_{n\to\infty} a_n b_n = \alpha\beta$

(4) $\beta \neq 0$ のとき, $\lim_{n\to\infty} \dfrac{a_n}{b_n} = \dfrac{\alpha}{\beta}$.

(5) 任意の n に対し, $a_n \leq b_n$ ならば, $\alpha \leq \beta$.

(6) 任意の n に対し, $a_n \leq c_n \leq b_n$ を満たす数列 $\{c_n\}$ に対し, $\alpha = \beta$ ならば $\lim_{n\to\infty} c_n = \alpha$.

証明 (1) は (3) の特別な場合なので, (2),(3),(4) を示す. (5),(6) は読者に練習問題として残す.

仮定から, 任意の $\varepsilon' > 0$ に対し, 自然数 N が存在し, $n > N$ ならば

$$|a_n - \alpha| < \varepsilon', \quad |b_n - \beta| < \varepsilon'$$

を満たす.

(2)

$$|(a_n \pm b_n) - (\alpha \pm \beta)| \leq |a_n \pm \alpha| + |b_n \pm \beta|$$
$$< 2\varepsilon'$$

なので, 任意の $\varepsilon > 0$ に対し, $\varepsilon' = \dfrac{\varepsilon}{2}$ とすれば求める結果を得る.

(3)

$$|a_n b_n - \alpha\beta| = |\alpha(b_n - \beta) + \beta(a_n - \alpha) + (a_n - \alpha)(b_n - \beta)|$$
$$\leq |\alpha||(b_n - \beta)| + |\beta||(a_n - \alpha)| + |(a_n - \alpha)||(b_n - \beta)|$$
$$< |\alpha|\varepsilon' + |\beta|\varepsilon' + (\varepsilon')^2$$
$$= \varepsilon'(|\alpha| + |\beta| + \varepsilon')$$

なので, 任意の $\varepsilon > 0$ に対し, $\varepsilon' = \min\left\{1, \dfrac{\varepsilon}{|\alpha| + |\beta| + 1}\right\}$ とすれば求める結果を得る.

(4) (3) より,
$$\lim_{n\to\infty}\frac{1}{b_n}=\frac{1}{\beta}$$
を示せば十分である．
$$\left|\frac{1}{b_n}-\frac{1}{\beta}\right|=\left|\frac{\beta-b_n}{b_n\beta}\right|$$
$$=\left|\frac{\beta-b_n}{\beta}\right|\left|\frac{1}{b_n}\right|<\left|\frac{\varepsilon'}{\beta}\right|\frac{1}{|\beta|-\varepsilon'}\text{(注)}$$
なので，任意の $\varepsilon>0$ に対し，$\varepsilon'=\min\left\{\frac{|\beta|}{2},\frac{\beta^2}{2}\varepsilon\right\}$ とすれば求める結果を得る．
□

問 2.4.2 上の定理の (5),(6) を証明せよ．

問 2.4.3 上の定理の (1) を (3) を用いずに証明せよ．

2.5 部分列

数列 $\{a_n\}$ の中からいくつかの項を取り除いた後に無数の項が残れば，この残り物も数列である．この残り物を $\{a_n\}$ の**部分列**という．

例 2.5.1 (1) 数列 $\{a_n\}$ から有限個の項を除いて得られる数列は $\{a_n\}$ の部分列である．

(2) 数列 $\{a_1,a_2,a_3,...\}$ に対し，数列 $\{a_{2n}\}=\{a_2,a_4,a_6,...\}$ は部分列である． ◆◆◆

数列 $\{a_n\}$ の部分列を $\{a_{i_1},a_{i_2},...,a_{i_m},...\}$ とする．どんな $N\in\mathbb{N}$ に対しても，$N<i_m$ を満たす部分列の元 a_{i_m} は存在するので，$\{a_n\}$ が α に収束すれば，その部分列も α に収束する．つまり，次が成立する．証明は練習問題とする．

定理 2.5.2 数列 $\{a_n\}$ が α に収束するとき，その任意の部分列も α に収束する．

この定理の逆は成立しない．

(注 $|\beta|-|b_n|\leq|\beta-b_n|<\varepsilon'$ なので $|b_n|>|\beta|-\varepsilon'$

例 2.5.3 数列
$$\left\{a_n = (-1)^n + \frac{1}{n}\right\}_{n=1}^{\infty}$$
は収束しないが，その部分列
$$\left\{a_{2m} = 1 + \frac{1}{2m}\right\}_{m=1}^{\infty}$$
は 1 に収束する．

問 2.5.4 上の例にならって，収束する部分列をもつが，収束しない数列の例を挙げよ．

問 2.5.5 数列 $\{a_n\}$ の部分列 $\{a_{2n}\}$, $\{a_{2n-1}\}$, $\{a_{3n}\}$ がそれぞれ α, β, γ に収束するならば，$\alpha = \beta = \gamma$ であり，$\lim\limits_{n \to \infty} a_n = \alpha$ であることを示せ．

定理 2.5.6 (ボルツァノ-ワイエルシュトラス (Bolzano-Weierstrass) の定理)
有界な数列 $\{x_n\}$ は，収束する部分列を含む．

証明 $a < a_n < b$ $(n = 1, 2, ...)$ とする．以下のように区間を決める．
(i) $I = [a, b]$ を 2 等分して $\{x_n\}$ の項を無限に含む区間を $I_1 = [a_1, b_1]$ とする．ただし，両方とも無限に含む場合は左側を選ぶ．
(ii) $I_1 = [a_1, b_1]$ を 2 等分して $\{x_n\}$ の項を無限に含む区間を $I_2 = [a_2, b_2]$ とする．ただし，両方とも無限に含む場合は左側を選ぶ．
$$\vdots$$
(m) $I_{m-1} = [a_{m-1}, b_{m-1}]$ を 2 等分して $\{x_n\}$ の項を無限に含む区間を $I_m = [a_m, b_m]$ とする．ただし，両方とも無限に含む場合は左側を選ぶ．
$$\vdots$$

$I_1, I_2, ...$ の作り方より，
$$a \leq a_m \leq a_{m+1} \leq b_{m+1} \leq b_m \leq b \quad (m = 1, 2, ...)$$
なので，$\{a_m\}, \{b_m\}$ は有界な単調列である．したがって，
$$\lim_{m \to \infty} a_m = \sup\{a_m \mid m = 1, 2, ...\} = \alpha \in [a, b]$$
$$\lim_{m \to \infty} b_m = \inf\{b_m \mid m = 1, 2, ...\} = \beta \in [a, b]$$

を得る．また，$a_m \leq \alpha \leq \beta \leq b_m$ $(m = 1, 2, ...)$ なので，
$$0 \leq \beta - \alpha \leq b_m - a_m = \frac{b-a}{2^m}$$
となり，$\alpha = \beta$ を得る．

そこで，α に収束する $\{x_n\}$ の部分列を次のようにつくる．

(i) I_1 に含まれる数列 $\{x_1, x_2, ..., x_n, ...\}$ の中で番号の 1 番小さいものを x_{i_1} とする．

(ii) I_2 に含まれる数列 $(\{x_1, x_2, ..., x_n, ...\} - \{x_{i_1}\})$ の中で番号の 1 番小さいものを x_{i_2} とする．

(iii) I_3 に含まれる数列 $(\{x_1, x_2, ..., x_n, ...\} - \{x_{i_1}, x_{i_2}\})$ の中で番号の 1 番小さいものを x_{i_3} とする．

$$\vdots$$

(m) I_m に含まれる数列 $(\{x_1, x_2, ..., x_n, ...\} - \{x_{i_1}, x_{i_2}, ..., x_{i_{m-1}}\})$ の中で番号の 1 番小さいものを x_{i_m} とする．

$$\vdots$$

この手順により，$\{x_n\}$ の部分列 $\{x_{i_m}\}$ が得られる．ここで，$a_m \leq x_{i_m} \leq b_m$ $(m = 1, 2, ...)$ なので，
$$\lim_{m \to \infty} x_{i_m} = \alpha$$
を得る．　□

数列 $\{a_n\}$ が**コーシー (Cauchy) 列**であるとは，任意の $\varepsilon > 0$ に対し，ある $N \in \mathbb{N}$ が存在し
$$m, n > N \quad \text{ならば} \quad |a_m - a_n| < \varepsilon$$
を満たすときをいう．以下の定理で述べるように，収束する数列はコーシー列である．また，逆にコーシー列は収束する．これを**実数の完備性**という．

> **定理 2.5.7** (実数の完備性)　数列 $\{a_n\}$ が収束するための必要十分条件は $\{a_n\}$ がコーシー列であることである．

[証明]　$\varepsilon > 0$ とする．$\lim_{n \to \infty} a_n = b$ とすると，ある $N \in \mathbb{N}$ が存在し
$$m, n > N \quad \text{ならば} \quad |a_m - b| < \frac{\varepsilon}{2}, \; |a_n - b| < \frac{\varepsilon}{2}.$$
つまり，
$$\begin{aligned}|a_m - a_n| &= |(a_m - b) - (a_n - b)| \\ &\leq |a_m - b| + |a_n - b| < \frac{\varepsilon}{2} + \frac{\varepsilon}{2} = \varepsilon.\end{aligned}$$

したがって，$\{a_n\}$ はコーシー列である．

逆に，$\{a_n\}$ がコーシー列であるとすると，ある $N \in \mathbb{N}$ が存在し
$$m, n > N$$
ならば
$$|a_m - a_n| < 1$$
が成立する．$n_0 > N$ となる n_0 を 1 つ選び固定すると，
$$|a_n - a_{n_0}| < 1 \quad (n > N)$$
なので
$$a_{n_0} - 1 < a_n < a_{n_0} + 1 \quad (n > N).$$
ここで，
$$M = \max\{a_1, ..., a_N, a_{n_0} + 1\}, \qquad L = \min\{a_1, ..., a_N, a_{n_0} + 1\}$$
とおくと，
$$L \leq a_n \leq M \quad (n = 1, 2, ...).$$
つまり，$\{a_n\}$ は有界数列である．ボルツァノ-ワイエルシュトラスの定理 (定理 2.5.6) より，ある実数 b に収束する $\{a_n\}$ の部分列 $\{a_{i_m}\}$ が存在する．$\varepsilon > 0$ とする．$\lim_{i_m \to \infty} a_{i_m} = b$ なので，ある $N' \in \mathbb{N}$ が存在し
$$i_m > N'$$
ならば
$$|a_{i_m} - b| < \frac{\varepsilon}{2}.$$
また，$\{a_n\}$ はコーシー列なので，ある $N'' \in \mathbb{N}$ が存在し
$$k, l > N''$$
ならば
$$|a_k - a_l| < \frac{\varepsilon}{2}.$$
そこで，$N = \max\{N', N''\}$ とおくと，
$$k, i_m > N$$
ならば
$$|a_k - b| < |a_k - a_{i_m}| + |a_{i_m} - b| < \frac{\varepsilon}{2} + \frac{\varepsilon}{2} = \varepsilon.$$
したがって，
$$\lim_{k \to \infty} a_k = b$$
を得る． □

練習問題

2.1 命題 2.1.3 を証明せよ．

2.2 次の各集合に対し，max, min, sup, inf をそれぞれ調べよ．

(1) $\left\{\dfrac{1}{n} \,\middle|\, n \in \mathbb{N}\right\}$

(2) $\left\{\left(\dfrac{1}{\sqrt{2}}\right)^n \,\middle|\, n \in \mathbb{N}\right\}$

(3) $\{x \in \mathbb{Q} \mid 0 < x < 1\}$

(4) $\{x \in \mathbb{R} - \mathbb{Q} \mid 0 < x < 1\}$

(5) $\{x \in \mathbb{Q} \mid 1 \leq x \leq \sqrt{2}\}$

2.3 次の極限をそれぞれ求めよ．

(1) $\displaystyle\lim_{n \to \infty} \dfrac{3n^2 + 2n + 1}{n^2}$

(2) $\displaystyle\lim_{n \to \infty} \dfrac{n}{n+1}$

(3) $\displaystyle\lim_{n \to \infty} \dfrac{2^n}{n \cdot (n-1) \cdots 2 \cdot 1}$

2.4 数列 $\{a_n\}$ に対し，$\displaystyle\lim_{n \to \infty} a_n = 0$ ならば，$\displaystyle\lim_{n \to \infty} \dfrac{1}{|a_n|} = \infty$ であることを示せ．ただし，$a_n \neq 0 \ (n \in \mathbb{N})$ とする．

2.5 定理 2.5.2 を証明せよ．

2.6 次の各問に答えよ．

(1) 数列 $\{a_n\}$ の部分列 $\{a_{3n}\}$, $\{a_{3n+1}\}$, $\{a_{3n+2}\}$ はそれぞれ収束するが，$\{a_n\}$ は収束しない例を 1 つ作れ．

(2) 数列 $\{a_n\}$ の部分列 $\{a_{2n}\}$, $\{a_{3n}\}$, $\{a_{3n+1}\}$, $\{a_{3n+2}\}$ がそれぞれ収束するならば，$\{a_n\}$ も収束することを示せ．

第3章

連 続 関 数

　関数が連続であるとは，ラフにいうと関数の値の変化が「連続的」であるということである．こう説明すると，「連続的」という言葉のもつイメージにだまされて何となく納得してしまうかもしれないが，厳密な議論をするにはこの説明では全く役に立たない．ここでは，きちんとした連続の定義を説明する．

3.1 準　　　備

　唐突ではあるが，以下の問題1を考えてみよう．この問題1と次に考察する問題2から問題4を理解することが，3.2節の準備として大切になってくる．

問題1　$6a^2 + 7a \leq 20$ を満たすような実数 $a > 0$ を1つ見つけよ．

　素朴に考えると，次の解答例1が標準的な解答であろう．

解答例1　不等式 $6a^2 + 7a \leq 20$ を実際に解き，得られた範囲から $a > 0$ を選べばよい．

$$
\begin{aligned}
6a^2 + 7a \leq 20 &\Leftrightarrow 6a^2 + 7a - 20 \leq 0 \\
&\Leftrightarrow (2a+5)(3a-4) \leq 0 \\
&\Leftrightarrow -\frac{5}{2} \leq a \leq \frac{4}{3}
\end{aligned}
$$

となる．つまり $0 < a \leq \frac{4}{3}$ を満たせばよい．よって例えば $a = \frac{2}{3}$ は答えである．
　　　　　　　　　　　　　　　　　　　　　　　　　　　　　　　　　□

次の解答例 2 も見てほしい.

解答例 2　例えば $a=1$ ととると, $6a^2 + 7a = 6 + 7 = 13 \leq 20$ が成り立つ.
□

実数 a をどうやって見つけたのかは書かれていないが, これは正しい解答である. 実数 a の見つけ方はいろいろあるが, ここでは「見つけ方の 1 つ」を説明しておく.

- $6a^2 + 7a$ の組は, a が小さいほど小さくなるので, もし, 1 つ答えを見つけることができたならば, その答えより小さな正の実数も答えとなるはずである. つまり, 無理をして大きな数を探す必要はなく, 小さな数で探せばよいことになる.

- 小さな数で探せばよいのだから, $(0<)\ a \leq 1$ という条件下で探してもよいだろう. もし $(0<)\ a \leq 1$ とすると, $a \geq a^2 \geq a^3 \geq a^4 \geq \cdots$ なので,
$$6a^2 + 7a \leq 6a + 7a = 13a.$$

- このとき, $13a \leq 20$ を満たすような $a > 0$ を探すのは簡単である. 実際,
$$13a \leq 20 \Leftrightarrow a \leq \frac{1}{13} \times 20 = \frac{20}{13}$$
を満たすようにとればよい.

- 以上の考察を踏まえると, $a \leq 1$ と $a \leq \dfrac{20}{13}$ の両方を満たすようにとれば, うまくいきそうである. そこで, $a = \min\left\{1, \dfrac{20}{13}\right\} = 1$ ととることにした.

では以下の問題 2 を考えてみよう.

問題 2　実数 $b > 0$ に対して, $6a^2 + 7a \leq b$ を満たすような実数 $a > 0$ を 1 つ見つけよ.

この問題 2 で $b = 20$ としたものが, 最初に考えた問題 1 である. つまり, この問題 2 は最初の問題 1 を含んでいる. よって, 問題 2 の解答は, $b = 20$ を代入して読むと, 問題 1 の解答になっていなくてはならない.

問題 1 の解答例 1 をまねるには, $b > 0$ に応じて定まる「a に関する 2 次不等式 $6a^2 + 7a \leq b$」を解く必要があるが, 文字定数 b の入った 2 次不等式を解くのは大変である. そこで, 問題 1 の解答例 2 をまねてみることにする.

解答例 例えば $a = \min\left\{1, \dfrac{1}{13}b\right\} (> 0)$ ととると,「$a \leq 1$ かつ $a \leq \dfrac{1}{13}b$」を満たす. よって,

$$\begin{aligned} 6a^2 + 7a &\leq 6a + 7a \quad (\because a \leq 1 \text{ より}) \\ &= 13a \\ &\leq 13 \times \dfrac{1}{13}b \quad (\because a \leq \dfrac{1}{13}b \text{ より}) \\ &= b \end{aligned}$$

となり, $a = \min\left\{1, \dfrac{1}{13}b\right\}$ は $6a^2 + 7a \leq b$ を満たすことが示された. □

解答中の $\min\left\{1, \dfrac{1}{13}b\right\}$ という値について, 補足説明をしておく. この値は $b > 0$ に依存して決まっている. 例えば, $b = 20$ とすると,

$$\min\left\{1, \dfrac{1}{13}b\right\} = \min\left\{1, \dfrac{20}{13}\right\} = 1$$

となり, 問題 1 の解答例 2 の答えが復元される. また, 最小値の記号 "min" を用いずに表すと

$$\min\left\{1, \dfrac{1}{13}b\right\} = \begin{cases} \dfrac{1}{13}b & (0 < b < 13) \\ 1 & (b \geq 13). \end{cases}$$

- 問題 1 の解答例 2 と同様に, 実数 a は小さな数で探せばよいのだから, $(0 <) a \leq 1$ という条件下で探してもよいだろう. もし $(0 <) a \leq 1$ とすると, $a \geq a^2 \geq a^3 \geq a^4 \geq \cdots$ なので,

$$6a^2 + 7a \leq 6a + 7a = 13a.$$

- このとき, $13a \leq b$ を満たすような $a > 0$ を探すのは簡単である. 実際,

$$13a \leq b \Leftrightarrow a \leq \dfrac{1}{13}b$$

を満たすようにとればよい.

- 以上の考察を踏まえると, $a \leq 1$ と $a \leq \dfrac{1}{13}b$ の両方を満たすようにとれば, うまくいきそうである. そこで, $a = \min\left\{1, \dfrac{1}{13}b\right\}$ ととることにした.

3.1 準 備

問題 1 と問題 2 を踏まえて，続く問題 3 と問題 4 を考えてみる．

問題 3 $0 < |x-2| < a$ を満たす全ての実数 x に対して $|x^2-4| < 2$ が成立するような実数 $a > 0$ を 1 つ見つけよ．

素朴に考えると，次の解答例 1 が標準的な解答であろう．

解答例 1 不等式 $|x^2-4| < 2$ を実際に解き，得られた範囲から $a > 0$ を選べばよい．不等式を変形すると，

$$\begin{aligned}|x^2-4| < 2 &\Leftrightarrow -2 < x^2-4 < 2 \\ &\Leftrightarrow 2 < x^2 < 6 \\ &\Leftrightarrow \sqrt{2} < |x| < \sqrt{6}\end{aligned}$$

となる．$\sqrt{2} \leq 2-a$ と $2+a \leq \sqrt{6}$ を満たしている $a = \dfrac{1}{10}\ (=0.1)$ は答えの 1 つである．

次の解答例 2 も見てほしい．

解答例 2 仮に $a > 0$ が見つかったとし，$0 < |x-2| < a$ を満たす x に対して，$|x^2-4|$ の値の大きさを（a の言葉で）見積もると，

$$\begin{aligned}|x^2-4| &= |(x-2)^2 + 4(x-2)|^{(注1)} \\ &\leq |x-2|^2 + 4|x-2|^{(注2)} \\ &< a^2 + 4a\end{aligned}$$

となる．（最後の不等号には等号が入らない．）よって，$a^2 + 4a \leq 2$ を満たすような $a > 0$ を見つければよいことになる．これは問題 1 と同じタイプの問題である．同様に考えると，$a = \min\left\{1, \dfrac{2}{5}\right\} = \dfrac{2}{5} > 0$ が答えの 1 つである．（詳細は各自で確認せよ．）

(注1) $X = x-2$ つまり $x = X+2$ と置くと $x^2-4 = (X+2)^2 - 4 = X^2 + 4X$．したがって $x^2 - 4 = (x-2)^2 + 4(x-2)$．
(注2) 一般に $|a+b| \leq |a| + |b|$ が成立する（A.1 節を参照）．

問題3を踏まえて，以下の問題4を考えてみよう．

問題4 実数 $b > 0$ に対して，「$0 < |x - 2| < a$ ならば $|x^2 - 4| < b$」を満たす実数 $a > 0$ を，1つ見つけよ．

この問題で $b = 2$ としたものが問題3であり，問題4は問題3を含んでいる．よって問題4の解答は $b = 2$ を代入して読むと，問題3の解答になっていなくてはならない．

問題3の解答例1をまねるには，$b > 0$ に応じて定まる「a に関する"絶対値入り2次不等式"」を解く必要があるが，文字定数 b が入っており解くのは大変である．そこで問題3の解答例2をまねてみることにする．

解答例 仮に $a > 0$ が見つかったとし，$0 < |x - 2| < a$ を満たす x に対して，$|x^2 - 4|$ の値の大きさを（a の言葉で）見積もると，

$$|x^2 - 4| = |(x-2)^2 + 4(x-2)| \leq |x-2|^2 + 4|x-2| < a^2 + 4a$$

となる．（最後の不等号には等号が入らない．）よって，$b > 0$ に対して，$a^2 + 4a \leq b$ を満たすような $a > 0$ を見つければよい．これは問題2と同じタイプの問題である．同様に考えると，$a = \min\left\{1, \dfrac{1}{5}b\right\} > 0$ が答えの1つである．（詳細は各自で確認せよ．）

3.2 関数の極限

関数 $f(x)$ は実数 a では定義されていてもいなくても構わないが，a の近くでは定義されているものとする．**実数 b が $f(x)$ の $x \to a$ における極限**とは，x を a に近づけると，$f(x)$ が b に近づくときをいい，

$$x \to a \quad \text{のとき} \quad f(x) \to b$$

または

$$\lim_{x \to a} f(x) = b$$

と表す．例えば，関数 $f(x) = 2x$ に対し，x を 1 に近づけると，$f(x)$ は 2 に近づくので，

$$\lim_{x \to 1} f(x) = 2$$

である．この主張はいかにも正しそうだが，それを確かめるために定義に立ち帰ってみても，結局，何の手がかりも得られないことに気づくであろう．

3.2 関数の極限

実は「x を a に近づけると，$f(x)$ が b に近づく」というのは，本当の定義ではなく，だいたいこんな感じという説明に過ぎない．定義がだいたいでしか与えられていないのでは，証明するのは不可能である．

では，本当の定義は何なのか？ それを説明する前に，なぜ

$$\lim_{x \to 1} 2x = 2$$

であると直感的に思えるのであろうか？ 確かに，x に（1 以外の）1 に近い数として

$$1 + \frac{1}{10}, 1 + \frac{1}{100}, 1 + \frac{1}{1000}, 1 + \frac{1}{10000}, 1 + \frac{1}{100000}$$

を代入してみると，$f(x) = 2x$ は

$$2 + \frac{2}{10}, 2 + \frac{2}{100}, 2 + \frac{2}{1000}, 2 + \frac{2}{10000}, 2 + \frac{2}{100000}$$

となるので，x と 1 の差 $|x - 1| \, (> 0)$ を

$$\frac{1}{10}, \frac{1}{100}, \frac{1}{1000}, \frac{1}{10000}, \frac{1}{100000}$$

と小さくしていくと，$f(x)$ と 2 の差 $|f(x) - 2|$ は

$$\frac{2}{10}, \frac{2}{100}, \frac{2}{1000}, \frac{2}{10000}, \frac{2}{100000}$$

と小さくなる．つまり，

> $|x - 1|$ を小さくとると，$|f(x) - 2|$ が小さくなる．

ここでは，$|f(x) - 2|$ が $\frac{2}{100000}$ となるように x を選ぶことができたが，もっと小さく，例えば，$\frac{1}{10^{100}}$ 以下にすることができるだろうか？ 答えは簡単で，例えば

$|x - 1| < \dfrac{1}{10^{101}}$ とすれば $|f(x) - 2| = |2x - 2| = 2|x - 1| < \dfrac{2}{10^{101}} < \dfrac{1}{10^{100}}$

となる．このように，$|f(x) - 2|$ は $|x - 1|$ を小さくとれば，いくらでも小さくできる．つまり，次のことがいえる．

> どんな小さな数 $\varepsilon > 0$ を選んでも，それに対し，ある数 $\delta > 0$ をうまく選ぶと，$0 < |x - 1| < \delta$ ならば $|f(x) - 2| < \varepsilon$ となる．

実はこれが極限の本当の定義であり，ここまでの考察を逆にたどれば，「x を 1 に近づけると，$f(x) = 2x$ が 2 に近づく」という表現が，定義の雰囲気を表していることも納得できるであろう．

改めて極限の定義を述べる前に，もう 1 つ曖昧な表現を正しておこう．我々はこの節のはじめに，f の定義域について，「関数 $f(x)$ は実数 a では定義されていてもいなくても構わないが，a の近くでは定義されているものとする．」と述べたが，これは極限では，a での値 $f(a)$ は関係なく，a の近くの x での値 $f(x)$ が問題になるからであった．ここで，「a の近く」という表現が曖昧なので，「a を含む開区間」と改める．また，「a では定義されていてもいなくても構わない」ので，次の表現にいたる．

> 実数 a を含む開区間から a を除いた集合を X とし，
> 関数 $f(x)$ の定義域は集合 X を含むものとする．

準備が整ったところで，極限の定義を述べよう．

定義 3.2.1　実数 b が $f(x)$ の $x \to a$ における**極限**とは，任意の正の実数 ε に対して，ある正の実数 δ が存在して

$$0 < |x - a| < \delta \quad \text{ならば} \quad |f(x) - b| < \varepsilon$$

が成立するときをいい，

$$x \to a \quad \text{のとき} \quad f(x) \to b$$

または

$$\lim_{x \to a} f(x) = b$$

と表す．　◆◆◆

この定義で使われている論法は，**ε-δ 論法**という名前がついている．

注意　$\lim_{x \to a} f(x) = b$ であるとは，b のどんな近所（近傍）$(b-\varepsilon, b+\varepsilon)$ に対しても，a の近所 $(a-\delta, a+\delta)$ の f による像 $f((a-\delta, a+\delta))$ が $(b-\varepsilon, b+\varepsilon)$ に含まれるように δ を選べることである．

注意　(1)　この定義では a を除いた a の近くの様子を気にしているのであって，a 自身の f による値は不問にしている．a は必ずしも f の定義域に属さなくてもよい．

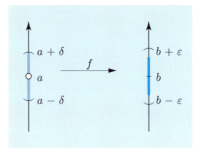

図 **3.3**

3.2 関数の極限

高等学校で極限を学んだ人の中には，
$$\lim_{x \to a} f(x) \text{ と } f(a) \text{ が等しい}$$
という間違った認識を持っている人たちがいる．このような人たちは，「$\lim_{x \to a} f(x)$ は x を a に近づけることだが，x に a を代入するのと同じことである．」と勘違いしてる場合が多い．確かに $\lim_{x \to a} f(x) = f(a)$ となることもあるが，これは，（次節で説明するが）f が a で**連続な関数**となる場合に限られる．高等学校で扱う関数は，ほとんどが連続関数なので，$\lim_{x \to a} f(x) = f(a)$ としても「答え」を間違うことはなく，結果として自分の勘違いに気づかないままとなるのだろう．

(2) $\lim_{x \to 1} 2x = 2$ であるが，$\lim_{x \to 1} 2x = 2.00000001$ となることはないのだろうか？$2x$ が 2 に近づくならば，2.00000001 にも近づくともいえそうなので，曖昧な定義のままなら，$\lim_{x \to 1} 2x = 2.00000001$ を否定しきれない．一方，正確な定義に従うと，$\lim_{x \to 1} 2x \neq 2.00000001$ が示せる．実は，一般に「極限は存在するとすればただ 1 つである」ことが示せる．これを**極限の一意性**という．実際，もし $f(x)$ の $x \to a$ における極限が 2 つ b, b' ($b \neq b'$) あるとすると，$\varepsilon = \dfrac{|b-b'|}{3}$ に対して，ある $\delta > 0$ が存在して
$$0 < |x - a| < \delta \quad \text{ならば} \quad |f(x) - b| < \varepsilon, \ |f(x) - b'| < \varepsilon$$
が成立するが，
$$3\varepsilon = |b - b'| = |b - f(x) + f(x) - b'| \leq |f(x) - b| + |f(x) - b'| < 2\varepsilon$$
となり，矛盾が生じる．

例 3.2.2 次の関数 f はどのような実数 b に対しても，$x \to 0$ のとき $f(x) \to b$ とはならない．
$$f(x) = \begin{cases} 1 & (x > 0) \\ 0 & (x = 0) \\ -1 & (x < 0) \end{cases}$$
背理法で示す[注]．$x \to 0$ のとき $f(x) \to b$ とする．ここで
$$|f(x) - b| = \begin{cases} |1 - b| & (x > 0) \\ |b| & (x = 0) \\ |1 + b| & (x < 0) \end{cases}$$
である．いま $\varepsilon = 1$ に対して，ある $\delta > 0$ が存在し，

[注] 背理法については付録を参照せよ．

$$0 < |x| < \delta \quad \text{ならば} \quad |f(x) - b| < 1$$

となる．このとき，次の2つが成り立つ．

- $\frac{1}{2}\delta > 0$ は $0 < |\frac{1}{2}\delta| < \delta$ を満たすので，$|f(\frac{1}{2}\delta) - b| = |1 - b| < 1$ である．
- $-\frac{1}{2}\delta < 0$ は $0 < |-\frac{1}{2}\delta| < \delta$ を満たすので，$|f(-\frac{1}{2}\delta) - b| = |1 + b| < 1$ である．

これは
$$|1 - b| < 1 \quad \text{かつ} \quad |1 + b| < 1$$

が成り立つという意味だが $2 = |1 + b + 1 - b| \leq |1 + b| + |1 - b| < 1 + 1 = 2$ となり，矛盾が生じる． ◆◆◆

例題 3.2.3 関数 $f : \mathbb{R} \to \mathbb{R}$, $f(x) = x^2$ に対し，$\lim_{x \to 2} f(x) = 4$ となることを示せ．

[解答] $f(x) - 4 \left(= x^2 - 4 \right)$ を "$(x - 2)$ の多項式" で表すと
$$f(x) - 4 = (x - 2)^2 + 4(x - 2).$$

したがって
$$|f(x) - 4| = |(x - 2)^2 + 4(x - 2)| \leq |x - 2|^2 + 4|x - 2|.$$

ここで，$\delta > 0$ に対して，$0 < |x - 2| < \delta$ ならば，
$$|x - 2|^2 + 4|x - 2| < \delta^2 + 4\delta.$$

よって，$\varepsilon > 0$ に対して，不等式 $\delta^2 + 4\delta \leq \varepsilon$ を満たす $\delta > 0$ を1つ求めればよい（3.1節問題2を参照）．

例えば
$$\delta = \min\left\{1, \frac{1}{5}\varepsilon\right\} = \left(1 \text{ と } \frac{1}{5}\varepsilon \text{ のうちで小さい方}\right)$$

ととると，$0 < |x - 2| < \delta$ のとき，次が成り立つ(注)．
$$\begin{aligned}|f(x) - 4| < \delta^2 + 4\delta &\leq \delta + 4\delta \quad (\because \delta \leq 1 \text{ より}) \\ &= 5\delta \\ &\leq 5 \times \frac{1}{5}\varepsilon \quad \left(\because \delta \leq \frac{1}{5}\varepsilon \text{ より}\right) \\ &= \varepsilon.\end{aligned}$$
□

(注) $\delta \leq 1$ かつ $5\delta \leq \varepsilon$ となる δ を求めたいので，他の選び方をしてもよい．例えば，$\delta = \min\left\{\dfrac{1}{3}, \dfrac{1}{6}\varepsilon\right\}$ とすると，$\delta^2 + 4\delta < \delta + 4\delta \leq \dfrac{5}{6}\varepsilon < \varepsilon$ を得る．

問 3.2.4 次の関数に対し，$x \to 0$ における極限と，$x \to 1$ における極限をそれぞれ求めよ．
(1) $f : \mathbb{R} \to \mathbb{R}$, $f(x) = 3x$
(2) $f : \mathbb{R} \to \mathbb{R}$, $f(x) = 2x^2 - 1$
(3) $f : \mathbb{R} \to \mathbb{R}$, $f(x) = 3x^3 + x^2 - x$
(4) $f : \mathbb{R} \to \mathbb{R}$, $f(x) = x^4 - x$
(5) $f : \mathbb{R} \to \mathbb{R}$, $f(x) = |x - 1|$

例題 3.2.5 関数 $f : \mathbb{R} \to \mathbb{R}$, $f(x) = x^3 - x^2$ に対し，
$$\lim_{x \to a} f(x) = a^3 - a^2$$
となることを示せ．

[解答] $0 < |x - a| < \delta \leq 1$ ならば
$$\begin{aligned}|f(x) - (a^3 - a^2)| &= |x^3 - x^2 - a^3 + a^2| \\ &= |(x-a)^3 + (3a-1)(x-a)^2 + (3a^2 - 2a)(x-a)|^{(注)} \\ &\leq |x-a|^3 + |3a-1||x-a|^2 + |3a^2 - 2a||x-a| \\ &< \delta^3 + |3a-1|\delta^2 + |3a^2 - 2a|\delta.\end{aligned}$$
そこで，
$$M = 1 + |3a - 1| + |3a^2 - 2a|$$
とし，$\varepsilon > 0$ に対し，$\delta = \min\left\{1, \dfrac{\varepsilon}{M}\right\}$ とすると，
$$\delta^3 + |3a - 1|\delta^2 + |3a^2 - 2a|\delta \leq M\delta \leq \varepsilon.$$
したがって，
$$0 < |x - 2| < \delta \quad \text{ならば} \quad |f(x) - (a^3 - a^2)| < \varepsilon$$
を得る． □

問 3.2.6 次の関数に対し，$x \to a$ における極限を求めよ．
(1) $f : \mathbb{R} \to \mathbb{R}$, $f(x) = x$
(2) $f : \mathbb{R} \to \mathbb{R}$, $f(x) = 5x + 1$
(3) $f : \mathbb{R} \to \mathbb{R}$, $f(x) = c$ (c は定数)
(4) $f : \mathbb{R} \to \mathbb{R}$, $f(x) = x^2 - 2x + 5$
(5) $f : \mathbb{R} \to \mathbb{R}$, $f(x) = 2x^3 - x$

(注) p.35 の (注 1 参照．

極限に関し，次の性質が成立する．

> **定理 3.2.7** 関数 $f: \mathbb{R} \to \mathbb{R}$, $g: \mathbb{R} \to \mathbb{R}$ に対して，$a \in \mathbb{R}$, $\lim_{x \to a} f(x) = b$, $\lim_{x \to a} g(x) = c$ のとき，
> (1) 定数 α に対し，$\lim_{x \to a} \alpha f(x) = \alpha b$
> (2) $\lim_{x \to a} (f(x) \pm g(x)) = b \pm c$
> (3) $\lim_{x \to a} f(x)g(x) = bc$
> (4) $c \neq 0$ のとき，$\lim_{x \to a} \dfrac{f(x)}{g(x)} = \dfrac{b}{c}$
> (5) $\lim_{x \to a} |f|(x) = |b|$

証明 (1) は (3) の特別な場合なので，(2),(3),(4),(5) を示す．

仮定から，任意の $\varepsilon' > 0$ に対し，ある $\delta_1, \delta_2 > 0$ が存在し，
$$0 < |x - a| < \delta_1 \text{ ならば } |f(x) - b| < \varepsilon'$$
$$0 < |x - a| < \delta_2 \text{ ならば } |g(x) - c| < \varepsilon'$$
を満たす．つまり，$\delta = \min\{\delta_1, \delta_2\}$ とすると，次が成立する．
$$0 < |x - a| < \delta \text{ ならば } |f(x) - b| < \varepsilon', |g(x) - c| < \varepsilon'.$$

(2) $\quad |(f(x) \pm g(x)) - (b \pm c)| \leq |f(x) - b| + |g(x) - c| < 2\varepsilon'$

なので，任意の $\varepsilon > 0$ に対し，$\varepsilon' = \dfrac{\varepsilon}{2}$ とすれば求める結果を得る．

(3) $|f(x)g(x) - bc| = |b(g(x) - c) + c(f(x) - b) + (f(x) - b)(g(x) - c)|$
$\qquad\qquad\qquad \leq |b||g(x) - c| + |c||f(x) - b| + |f(x) - b||g(x) - c|$
$\qquad\qquad\qquad < |b|\varepsilon' + |c|\varepsilon' + (\varepsilon')^2 = \varepsilon'(|b| + |c| + \varepsilon')$

である．ここで，$\varepsilon' < 1$ ならば
$$\varepsilon'(|b| + |c| + \varepsilon') < \varepsilon'(|b| + |c| + 1)$$
なので，任意の $\varepsilon > 0$ に対し，$\varepsilon' = \min\left\{1, \dfrac{\varepsilon}{|b| + |c| + 1}\right\}$ とすれば求める結果を得る．

(4) (3) より，$\lim_{x \to a} \dfrac{1}{g(x)} = \dfrac{1}{c}$ を示せば十分である．
$$\left|\frac{1}{g(x)} - \frac{1}{c}\right| = \left|\frac{c - g(x)}{g(x)c}\right| = \left|\frac{c - g(x)}{c}\right|\left|\frac{1}{g(x)}\right| < \left|\frac{\varepsilon'}{c}\right|\left|\frac{1}{|c| - \varepsilon'}\right|^{(注)}$$

(注) $|c| - |g(x)| \leq |c - g(x)| < \varepsilon'$ なので $|g(x)| > |c| - \varepsilon'$.

である．ここで，$\varepsilon' < \dfrac{|c|}{2}$ ならば $|c| - \varepsilon' > |c| - \dfrac{|c|}{2} = \dfrac{|c|}{2}$ なので，
$$\left|\dfrac{\varepsilon'}{c}\right|\left|\dfrac{1}{|c|-\varepsilon}\right| < \dfrac{2\varepsilon'}{c^2}.$$
そこで，任意の $\varepsilon > 0$ に対し，$\varepsilon' = \min\left\{\dfrac{|c|}{2}, \dfrac{c^2}{2}\varepsilon\right\}$ とすれば求める結果を得る．

(5) 条件より，任意の $\varepsilon > 0$ に対し，ある $\delta > 0$ が存在して
$$0 < |x - a| < \delta \quad \text{ならば} \quad |f(x) - b| < \varepsilon$$
を満たす．一方，$\bigl||f(x)| - |b|\bigr| < |f(x) - b|$ (注1) なので
$$0 < |x - a| < \delta \quad \text{ならば} \quad \bigl||f(x)| - |b|\bigr| \leq |f(x) - b| < \varepsilon. \qquad \square$$

問 3.2.8 上の定理の (1) を (2) を用いずに証明せよ．

次の定理が成立することも容易にわかる．

定理 3.2.9 関数 $f : \mathbb{R} \to \mathbb{R}$, $g : \mathbb{R} \to \mathbb{R}$ に対して，$a \in \mathbb{R}$, $\lim\limits_{x \to a} f(x) = b$, $\lim\limits_{x \to b} g(x) = g(b)$ のとき (注2)，$\lim\limits_{x \to a} g \circ f(x) = g(b)$．

証明 仮定から，任意の $\varepsilon > 0$ に対し，ある $\delta > 0$ が存在し，
$$0 < |y - b| < \delta \quad \text{ならば} \quad |g(y) - g(b)| < \varepsilon.$$
さらに，この $\delta > 0$ に対して，ある $\delta' > 0$ が存在し，
$$0 < |x - a| < \delta' \quad \text{ならば} \quad |f(x) - b| < \delta$$
を満たす．したがって，$y = f(x)$ とおくと，
$$0 < |x - a| < \delta' \quad \text{ならば} \quad |f(x) - b| = |y - b| < \delta$$
なので，$|y - b| \neq 0$ ならば
$$|g \circ f(x) - g(b)| = |g(f(x)) - g(b)| = |g(y) - g(b)| < \varepsilon$$
が成立し，$|y - b| = 0$ ならば
$$|g \circ f(x) - g(b)| = |g(f(x)) - g(b)| = |g(b) - g(b)| = 0 < \varepsilon$$
が成立する． $\qquad \square$

(注1 実数 a, b に対し $\bigl||a| - |b|\bigr| \leq |a - b|$．
(注2 $\lim\limits_{x \to b} g(x) \neq g(b)$ の場合は，一般には成立しない．

3.3 関数の連続性

極限の定義の注意において，$\lim_{x \to a} f(x)$ は a を除いた a の近くの数に対する f の値を気にしているのであって，いつでも $\lim_{x \to a} f(x) = f(a)$ とするのは大きな勘違いであると述べたが，この等式が成立する場合を考えることは自然なことである．そこで次の定義をする．

定義 3.3.1 関数 $f : \mathbb{R} \to \mathbb{R}$ が $a \in \mathbb{R}$ において **連続** であるとは，$x \to a$ としたときの $f(x)$ の極限 b が存在して $f(a) = b$ となるとき，つまり

$$\lim_{x \to a} f(x) = f(a)$$

となることである．さらに，f が全ての実数において連続となるとき，f は **連続である** という． ◆◆◆

例 3.3.2 （連続でない関数）

(1) 関数 $f : \mathbb{R} \to \mathbb{R}$ を次で定義する．

$$f(x) = \begin{cases} x & (x > 0) \\ x - 1 & (x \le 0) \end{cases}$$

例 3.2.2 と同様の議論により，この関数は，$x \to 0$ としたときの極限が存在しないことがわかる．したがって，0 において連続でない．

(2) 関数 $f : \mathbb{R} \to \mathbb{R}$ を次で定義する．

$$f(x) = \begin{cases} x & (x \ne 0) \\ 1 & (x = 0) \end{cases}$$

この関数は

$$\lim_{x \to 0} f(x) = 0 \quad \text{および} \quad f(0) = 1$$

なので，0 において連続でない．

関数 f が（各点で）連続であることは，グラフがつながっているというイメージである．ある点で連続な関数においても，その点の付近ではグラフがつながっていると思いがちであるが，1 点だけで連続な関数では，「つながっている」というイメージとはかけ離れたものもある．次の関数は 0 で連続になる．しかし，0 以外のところでは連続にはならない．

例 3.3.3 関数
$$f:\mathbb{R}\to\mathbb{R}, f(x)=\begin{cases} 0 & (x\in\mathbb{Q}) \\ x & (x\in\mathbb{R}-\mathbb{Q}) \end{cases}$$
に対し，$\lim_{x\to 0}f(x)=0=f(0)$ である．実際，任意の $\varepsilon>0$ に対し，$\delta=\varepsilon$ とすると，
$$0<|x|<\delta(=\varepsilon) \quad \text{ならば} \quad |f(x)|=\begin{cases} 0<\varepsilon & (x\in\mathbb{Q}) \\ |x|<\varepsilon & (x\in\mathbb{R}-\mathbb{Q}) \end{cases}$$
を得る． ◆◆◆

命題 3.3.4 多項式関数は連続である．

[証明] $a\in\mathbb{R}$ とする．まず $\lim_{x\to a}x=a$, $\lim_{x\to a}c=c$ (c は定数) となることが容易に示せる（問 3.2.6(1),(3)）．
多項式関数
$$Q:\mathbb{R}\to\mathbb{R},\ Q(x)=a_n x^n + a_{n-1}x^{n-1}+\cdots+a_1 x+a_0$$
に対して，定理 3.2.7 より
$$\begin{aligned}\lim_{x\to a}Q(x) &= \lim_{x\to a}(a_n x^n)+\lim_{x\to a}(a_{n-1}x^{n-1})+\cdots+\lim_{x\to a}(a_1 x)+\lim_{x\to a}(a_0) \\ &= a_n a^n + a_{n-1}a^{n-1}+\cdots+a_1 a+a_0 \\ &= Q(a)\end{aligned}$$
となり a で連続である． □

定理 3.2.7 と定理 3.2.9 から，直ちに次の定理を得る．

定理 3.3.5 関数 $f:\mathbb{R}\to\mathbb{R}$, $g:\mathbb{R}\to\mathbb{R}$ が $a\in\mathbb{R}$ で連続であるとき，関数
$$f\pm g,\ fg,\ \frac{f}{g}\ (\text{ただし},\ g(a)\neq 0\text{とする}),\ f\circ g,\ |f|$$
は a で連続である．

問 3.3.6 上の定理が成り立つことを示せ．

以下の 2 つの定理は連続関数の満たす重要な性質である．

> **定理 3.3.7** （中間値の定理）　関数 $f:[a,b] \to \mathbb{R}$ は連続で，$f(a) \neq f(b)$ とする．このとき，$f(a)$ と $f(b)$ の間の任意の実数 k に対し，ある実数 $c \in (a,b)$ が存在し，$f(c) = k$ を満たす．

直観的には $y = f(x)$ のグラフと $y = k$ のグラフの交点の x 座標が c である（図 3.4 参照）．中間値の定理は交点の存在を保証する定理であるといえる．証明は次節で与える．

> **定理 3.3.8** （最大値・最小値の原理）　閉区間 $[a,b]$ で連続な関数 $f:[a,b] \to \mathbb{R}$ に対し，f の像 $E = \{f(x) | x \in [a,b]\}$ は有界で，最大値と最小値をもつ．

直観的には連続関数 f の閉区間 $[a,b]$ の像 $E = f([a,b])$ は閉区間なので，この定理も自明な気がするが，証明は意外と面倒である（図 3.5 参照）．詳しくは次節で述べる．

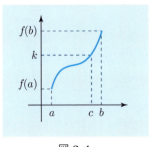

図 3.4

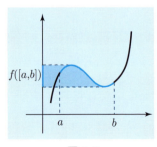

図 3.5

3.4 補足・発展 ── 連続関数の性質 ──

ここでは連続関数について，3.3 節までのやり残した証明などについて述べる．まず，次の補題を示す．

補題 3.4.1 関数 $f : \mathbb{R} \to \mathbb{R}$ が a で連続で，$f(a) > k$ $(f(a) < k)$ を満たすとする．このとき，ある $\delta > 0$ が存在し，次を満たす．
$$x \in (a - \delta, a + \delta) \text{ ならば } f(x) > k \ (f(x) < k).$$

[証明] $f(a) > k$ とする．仮定より，$\varepsilon = \dfrac{f(a) - k}{2}$ に対し，ある $\delta > 0$ が存在し，
$$|x - a| < \delta \quad \text{ならば} \quad |f(x) - f(a)| < \varepsilon$$
を満たす．つまり，次を得る．
$$x \in (a - \delta, a + \delta) \quad \text{ならば} \quad f(x) > f(a) - \varepsilon = \frac{f(a) + k}{2} > k.$$
$f(a) < k$ の場合も，同様に証明できる． □

この補題を用いて，定理 3.3.7 を証明する．

定理 3.4.2 (定理 3.3.7)（**中間値の定理**）関数 $f : [a, b] \to \mathbb{R}$ は連続で，$f(a) \neq f(b)$ とする．このとき，$f(a)$ と $f(b)$ の間の任意の実数 k に対し，ある実数 $c \in (a, b)$ が存在し，$f(c) = k$ を満たす．

[証明] $f(a) < k < f(b)$ と仮定する．($f(a) > k > f(b)$ の場合も同様．)
$$E = \{x \in [a, b] \mid f(x) < k\}$$
とする．E は上に有界なので，上限が存在する．そこで，
$$\sup E = c \ (\leq b)$$
とおく．$f(a) \neq k$, $f(b) \neq k$ なので，$c \in (a, b)$ である．従って $f(c) = k$ であることを示せばよい．

$f(c) > k$ とすると，補題 3.4.1 より，$\delta > 0$ が存在し，
$$x \in (c - \delta, c + \delta) \quad \text{ならば} \quad f(x) > k$$
を満たす．$\sup E = c$ なので，$E \cap (c - \delta, c + \delta) \neq \emptyset$．$x \in E \cap (c - \delta, c + \delta)$ ならば $f(x) > k$ なので，E の定義に矛盾する．一方，$f(c) < k$ とすると，補題 3.4.1 より，$\delta > 0$ が存在し，
$$x \in (c - \delta, c + \delta) \quad \text{ならば} \quad f(x) < k$$
を満たす．つまり，$x \in (c, c + \delta)$ ならば $x \in E$ となり，$\sup E = c$ に矛盾する． □

> **定理 3.4.3** （定理 3.3.8）（**最大値・最小値の原理**） 閉区間 $[a,b]$ で連続な関数 $f:[a,b] \to \mathbb{R}$ に対し, f の像
> $$f([a,b]) = \{f(x) \mid x \in [a,b]\}$$
> は有界で, 最大値と最小値をもつ.

証明 $E = f([a,b])$ とおく. E が上に有界でないと仮定する. すると, 任意の自然数 n に対し, $f(x_n) > n$ を満たす $x_n \in [a,b]$ が存在する. したがって, 閉区間 $[a,b]$ 内の数列 $\{x_n\}$ を得る. ボルツァノ-ワイエルシュトラスの定理から, 数列 $\{x_n\}$ の適当な部分列 $\{x_{i_m}\}$ が存在し,
$$\lim_{i_m \to \infty} x_{i_m} = c \in [a,b]$$
を満たす. f の連続性から
$$\lim_{i_m \to \infty} f(x_{i_m}) = f(c)$$
であるが, x_n の選び方から,
$$\lim_{i_m \to \infty} f(x_{i_m}) = \infty$$
となり矛盾が生じる. したがって E は上に有界である. 下に有界なことも同様に示せる.

E は有界なので, $\sup E$ と $\inf E$ が存在する. そこで,
$$\sup E \in E$$
を示す. $\sup E \notin E$ とする. つまり,
$$f(x) = \sup E$$
となる実数 x が $[a,b]$ に存在しないと仮定する. すると, 連続関数
$$g:[a,b] \to \mathbb{R}, \ g(x) = \frac{1}{\sup E - f(x)}$$
が定義できる. 関数 g は閉区間 $[a,b]$ で連続なので, 集合
$$\{g(x) \mid x \in [a,b]\}$$
は有界である. ところが, 任意の自然数 n に対し, ある $x \in [a,b]$ が存在し,
$$\sup E - f(x) < \frac{1}{n}$$
となる. つまり, $g(x) > n$ を得る. これは $\{g(x) \mid x \in [a,b]\}$ が有界であることに矛盾する.

$\min E = \inf E$ であることも同様に示せる. □

3.4 補足・発展 ——連続関数の性質——

定理 3.4.4 （一様連続性の定理） 関数 $f:\mathbb{R}\to\mathbb{R}$ が閉区間 $[a,b]$ で連続ならば，任意の $\varepsilon>0$ に対し，ある $\delta>0$ が存在し，$|x-x'|<\delta$ $(x,x'\in[a,b])$ ならば $|f(x)-f(x')|<\varepsilon$ を満たす．（このとき，δ が x,x' によらずに定まるので，関数 f は区間 $[a,b]$ で**一様連続**であると呼ばれる．）

証明 背理法で示す．定理が成立しないと仮定すると，ある $\varepsilon>0$ が存在して，次を満たす．任意の δ に対し，ある実数 $x,x'\in[a,b]$ が存在し，
$$|x-x'|<\delta \quad \text{かつ} \quad |f(x)-f(x')|\geq\varepsilon.$$
ここで，$\delta=\dfrac{1}{n}$ $(n\in\mathbb{N})$ としたときに得られる x,x' をそれぞれ x_n,x'_n とすると，閉区間 $[a,b]$ 内の数列 $\{x_n\}$, $\{x'_n\}$ で
$$|x_n-x'_n|<\frac{1}{n}$$
$$|f(x_n)-f(x'_n)|\geq\varepsilon \quad (n=1,2,...)$$
となるものが得られる．

数列 $\{x_n\}$ は有界なので，ボルツァノ-ワイエルシュトラスの定理（定理 2.5.6）より，ある部分列 $\{x_{i_m}\}$ が存在し，ある点 $c\in[a,b]$ に収束する．つまり
$$\lim_{m\to\infty} x_{i_m}=c.$$
一方，
$$\lim_{n\to\infty}|x_n-x'_n|=0$$
より
$$\lim_{m\to\infty} x'_{i_m}=c.$$
ここで，f の連続性から
$$\lim_{m\to\infty} f(x_{i_m}) = \lim_{m\to\infty} f(x'_{i_m})$$
$$= f(c)$$
が成立し，
$$\lim_{m\to\infty} |f(x_{i_m})-f(x'_{i_m})|=0$$
となるので，
$$|f(x_n)-f(x'_n)|\geq\varepsilon \quad (n=1,2,...)$$
に矛盾する． □

練 習 問 題

3.1 実数 $b > 0$ に対して，以下の不等式を満たすような $a > 0$ を1つ見つけよ．
(1) $5a \leq b$
(2) $4a^2 + 3a \leq b$
(3) $3a^3 + 5a^2 + 2a \leq b$

3.2 次の関数と実数 $b > 0$ に対して，条件
$$0 < |x-1| < a \quad \text{ならば} \quad |f(x) - f(1)| < b$$
を満たすような $a > 0$ を1つ見つけよ．
(1) $f : \mathbb{R} \to \mathbb{R}, f(x) = 5x + 3$
(2) $f : \mathbb{R} \to \mathbb{R}, f(x) = -5x + 8$
(3) $f : \mathbb{R} \to \mathbb{R}, f(x) = 4x^2 - 5x + 6$
(4) $f : \mathbb{R} \to \mathbb{R}, f(x) = 4x^2 - 11x + 4$
(5) $f : \mathbb{R} \to \mathbb{R}, f(x) = 3x^3 - 4x^2 + x + 2$
(6) $f : \mathbb{R} \to \mathbb{R}, f(x) = 3x^3 - 14x^2 + 21x - 6$

3.3 関数
$$f : \mathbb{R} \to \mathbb{R}, f(x) = \begin{cases} 0 & (x \in \mathbb{Q}) \\ x & (x \in \mathbb{R} - \mathbb{Q}) \end{cases}$$
は $x = 0$ で連続であることを示せ．さらに，$x \neq 0$ で連続でないことを示せ．

3.4 連続な関数 $f : \mathbb{R} \to \mathbb{R}$ と $g : \mathbb{R} \to \mathbb{R}$ が任意の有理数 $x \in \mathbb{Q}$ で
$$f(x) = g(x)$$
を満たすとする．このとき f と g は同じ関数であることを証明せよ．すなわち任意の実数 $x \in \mathbb{R}$ で $f(x) = g(x)$ が成り立つことを証明せよ．

3.5 連続な関数 $f : \mathbb{R} \to \mathbb{R}$ が，任意の実数 $x \in \mathbb{R}$ で
$$f(2x) = f(x)$$
を満たすとする．このとき関数 f は定値関数であることを証明せよ．

1変数関数の微分

ここでは，1変数関数の微分について説明する．微分を用いると，関数の値の変化の様子を詳細に捉えることができる．

4.1 平均変化率

午後1時に出発した車が午後3時に100km離れたところに到着したとき，この間の平均速度は
$$\frac{100}{3-1} = 50 \text{ (km/時)}$$
である．関数 $f(x)$ に関しても同様に，x の値が変化したときの $f(x)$ の変化量の平均を考えることができる．

定義 4.1.1　関数 $f: \mathbb{R} \to \mathbb{R}$ において，定義域の値が x から $x'(\neq x)$ に変化したとき，値域の値は $f(x)$ から $f(x')$ に変化する．このとき，値域の変化量は $f(x') - f(x)$ で求められる．さらにその際の変化の平均は，次の値
$$\frac{f(x') - f(x)}{x' - x}$$
で得られる．これを x から x' に変化したときの**平均変化率**という．また，少し視点を変えて，変化の仕方を，x から $x+h$ ($h \neq 0$) に変化したときの平均変化率
$$\frac{f(x+h) - f(x)}{h}$$
を x から h だけ変化したときの平均変化率と呼ぶこともある．◆◆◆

注意 ここでは，x を基準にして x' あるいは $x+h$ に変化する場合を考えている．必ずしも $x' > x, h > 0$ とは限らないので，「増える」という表現ではなく「変化する」という表現を用いた．

例 4.1.2 $f: \mathbb{R} \to \mathbb{R}, f(x) = -2x^2 - 1$ のとき，

(1) 1 から 4 に変化したときの f の平均変化率は，
$$\frac{f(4) - f(1)}{4 - 1} = \frac{(-2 \cdot 4^2 - 1) - (-2 \cdot 1^2 - 1)}{3} = -10.$$

(2) 4 から 1 に変化したときの f の平均変化率は，
$$\frac{f(1) - f(4)}{1 - 4} = \frac{(-2 \cdot 1^2 - 1) - (-2 \cdot 4^2 - 1)}{-3} = -10.$$

注意 (1),(2) からもわかるように，一般に，x から x' に変化したときの平均変化率と x' から x に変化したときの平均変化率は等しい．

(3) f の a から h だけ変化したときの平均変化率は，
$$\frac{f(a+h) - f(a)}{h} = \frac{\{-2(a+h)^2 - 1\} - (-2a^2 - 1)}{h}$$
$$= \frac{-2(2a+h)h}{h} = -2(2a+h). \quad \blacklozenge\blacklozenge\blacklozenge$$

問 4.1.3 次の関数に対し，a から h だけ変化したときの平均変化率を求めよ．
(1) $f: \mathbb{R} \to \mathbb{R}, f(x) = x$
(2) $f: \mathbb{R} \to \mathbb{R}, f(x) = c$ (c は実数定数)
(3) $f: \mathbb{R} \to \mathbb{R}, f(x) = 3x + 2$
(4) $f: \mathbb{R} \to \mathbb{R}, f(x) = x^2 + 3x + 2$
(5) $f: \mathbb{R} \to \mathbb{R}, f(x) = -2x^3 + 2x^2 - x + 3$
(6) $f: \mathbb{R} \to \mathbb{R}, f(x) = x^4 - 2x^2$

4.2 微分

車がある地点を通過するときのスピードを計測する場合，そこを通過してから 60 秒後に F m 進んでいれば，その間の平均スピードは $\dfrac{F}{60}$ (m/秒) であり，10 秒後に F m 進んでいれば，$\dfrac{F}{10}$ (m/秒) である．一般に h 秒後に F m 進んでいれば，$\dfrac{F}{h}$ (m/秒) で求められる．もし通過する瞬間のスピードを求めたけ

れば, h を可能な限り短くすればよいだろう. つまり, 極限
$$\lim_{h \to 0} \frac{F}{h}$$
を考えることにより, 通過する瞬間のスピードと考えることができる.

同様に, 関数 $f(x)$ の平均変化率
$$\frac{f(a+h) - f(a)}{h}$$
において, h を 0 に近づけたときの極限は, f の $x = a$ における瞬間的変化率を表すと考えられる.

定義 4.2.1 関数 $f : \mathbb{R} \to \mathbb{R}$ が $a \in \mathbb{R}$ において微分可能であるとは,
$$\lim_{h \to 0} \frac{f(a+h) - f(a)}{h}$$
が存在するときをいう. このとき, この極限の値を f の a における**微分係数**といい $f'(a), Df(a)$ などで表す. さらに, 全ての実数において f が微分可能であるとき, f は**微分可能である**という.

また, f が微分可能であるとき,

各 $x \in \mathbb{R}$ に対して, x における f の微分係数 $f'(x)$ を対応させる関数

が考えられる. この関数を f の**導関数**といい,
$$f' : \mathbb{R} \to \mathbb{R} \text{ または } Df : \mathbb{R} \to \mathbb{R}$$
などで表す.

注意 上の定義において, $x = a + h$ とおくと
$$\lim_{h \to 0} \frac{f(a+h) - f(a)}{h} = \lim_{x \to a} \frac{f(x) - f(a)}{x - a}$$
を得る.

例 4.2.2 (微分可能でない関数) 次の関数
$$f : \mathbb{R} \to \mathbb{R}, \ f(x) = |x - 2|$$
は 2 において連続であるが, 2 において微分可能とならない. 実際,
$$\frac{f(2+h) - f(2)}{h} = \frac{|h|}{h} = \begin{cases} 1 & (h > 0) \\ -1 & (h < 0) \end{cases}$$

なので，例 3.2.2 と同様な議論で
$$\lim_{h \to 0} \frac{f(2+h) - f(2)}{h}$$
が存在しないことがわかる． ◆◆◆

例 4.2.3　$f : \mathbb{R} \to \mathbb{R}$, $f(x) = x^3 + x$ のとき，$f'(a) = 3a^2 + 1$. したがって，f は微分可能で，その導関数は
$$f' : \mathbb{R} \to \mathbb{R}, \ f'(x) = 3x^2 + 1$$
である．実際，
$$\lim_{h \to 0} \frac{f(a+h) - f(a)}{h} = \lim_{h \to 0}(h^2 + 3ah + 3a^2 + 1) = 3a^2 + 1 = f'(a)$$
である． ◆◆◆

問 4.2.4　問 4.1.3 の関数 f に対し，f の a における微分係数 $f'(a)$ を求めよ．

例 4.2.5　（微分可能な関数）　関数 $f : \mathbb{R} \to \mathbb{R}$, $f(x) = x^n$ とする．
$$\begin{aligned}
f'(x) &= \lim_{h \to 0} \frac{f(x+h) - f(x)}{h} = \lim_{h \to 0} \frac{(x+h)^n - x^n}{h} \text{\scriptsize{(注)}} \\
&= \lim_{h \to 0} \frac{h\{(x+h)^{n-1} + (x+h)^{n-2}x + \cdots + x^{n-1}\}}{h} \\
&= \lim_{h \to 0} \{(x+h)^{n-1} + (x+h)^{n-2}x + \cdots + x^{n-1}\} \\
&= nx^{n-1}.
\end{aligned}$$
◆◆◆

　例 4.2.2 で連続だが微分可能ではない関数を紹介したが，これとは対照的に微分可能な関数は連続であることがわかる．

定理 4.2.6　微分可能な関数は連続である．

証明　微分可能な関数を f とすると，任意の実数 a に対し，次が成立する．
$$\lim_{x \to a}(f(x) - f(a)) = \lim_{x \to a} \frac{f(x) - f(a)}{x - a} \times (x - a) = f'(a) \times 0 = 0.$$
したがって，$\lim_{x \to a} f(x) = f(a)$ を得る． □

(注　一般に次が成立する．$a^n - b^n = (a-b)(a^{n-1} + a^{n-2}b + a^{n-3}b^2 + \cdots + ab^{n-2} + b^{n-1})$

定理 4.2.7 （微分に関する性質） 実数 a と微分可能な 2 つの関数 $f : \mathbb{R} \to \mathbb{R}$, $g : \mathbb{R} \to \mathbb{R}$ に対して, af, $f \pm g$, fg, $\dfrac{f}{g}$, $g \circ f$ も微分可能で, 次が成立する.

(1) $(af)'(x) = af'(x)$

(2) $(f \pm g)'(x) = f'(x) \pm g'(x)$

(3) $(fg)'(x) = f'(x)g(x) + f(x)g'(x)$

(4) $g(x) \neq 0$ のとき, $\left(\dfrac{f}{g}\right)'(x) = \dfrac{f'(x)g(x) - f(x)g'(x)}{(g(x))^2}$

(5) $(g \circ f)'(x) = g'(f(x))f'(x)$

証明 (3),(4),(5) のみ示す. (1),(2) は各自で確認せよ.

(3) fg が微分可能であることと, $(fg)'(x) = f'(x)g(x) + f(x)g'(x)$ が成立することは, 次からわかる.

$$\lim_{h \to 0} \frac{fg(x+h) - fg(x)}{h} = \lim_{h \to 0} \frac{f(x+h)g(x+h) - f(x)g(x)}{h}$$
$$= \lim_{h \to 0} \frac{f(x+h)g(x+h) - f(x)g(x+h) + f(x)g(x+h) - f(x)g(x)}{h}$$
$$= \lim_{h \to 0} \left(\frac{f(x+h)g(x+h) - f(x)g(x+h)}{h} + \frac{f(x)g(x+h) - f(x)g(x)}{h} \right)$$
$$= \lim_{h \to 0} \frac{f(x+h) - f(x)}{h} g(x+h) + \lim_{h \to 0} f(x) \frac{g(x+h) - g(x)}{h}$$
$$= f'(x)g(x) + f(x)g'(x).$$

(4) $\dfrac{f}{g}$ が微分可能であることと, $\left(\dfrac{f}{g}\right)'(x) = \dfrac{f'(x)g(x) - f(x)g'(x)}{g^2(x)}$ が成立することは, 次からわかる.

$$\lim_{h \to 0} \frac{\dfrac{f}{g}(x+h) - \dfrac{f}{g}(x)}{h} = \lim_{h \to 0} \frac{\dfrac{f(x+h)}{g(x+h)} - \dfrac{f(x)}{g(x)}}{h}$$
$$= \lim_{h \to 0} \frac{g(x)f(x+h) - f(x)g(x+h)}{g(x)g(x+h)h}$$
$$= \lim_{h \to 0} \frac{g(x)(f(x+h) - f(x)) - f(x)(g(x+h) - g(x))}{g(x)g(x+h)h}$$
$$= \lim_{h \to 0} \frac{1}{g(x)g(x+h)} \left(g(x) \frac{f(x+h) - f(x)}{h} - f(x) \frac{g(x+h) - g(x)}{h} \right)$$

$$= \lim_{h \to 0} \frac{1}{g(x)g(x+h)} \left(g(x) \lim_{h \to 0} \frac{f(x+h) - f(x)}{h} - f(x) \lim_{h \to 0} \frac{g(x+h) - g(x)}{h} \right)$$
$$= \frac{f'(x)g(x) - f(x)g'(x)}{g^2(x)}.$$

(5) 実数 a に対し，$b = f(a)$ とおき，関数 $\varphi(y)$ を
$$\varphi(y) = \begin{cases} \dfrac{g(y) - g(b)}{y - b} & (y \neq b) \\ g'(b) & (y = b) \end{cases}$$
と定義すると，
$$\lim_{y \to b} \varphi(y) = \varphi(b)$$
となるので，φ は b で連続である．このとき全ての y に対して
$$g(y) - g(b) = \varphi(y)(y - b)$$
となる．$y = f(x)$ を代入して，両辺を $x - a$ で割ると，
$$\frac{g(f(x)) - g(f(a))}{x - a} = \varphi(f(x)) \frac{f(x) - f(a)}{x - a}.$$
したがって，
$$(g \circ f)'(a) = \lim_{x \to a} \frac{g(f(x)) - g(f(a))}{x - a}$$
$$= \lim_{x \to a} \varphi(f(x)) \frac{f(x) - f(a)}{x - a} = g'(f(a))f'(a)$$
となり，結論を得る． □

注意 上の (5) の証明において，
$$(g \circ f)'(a) = \lim_{x \to a} \frac{g \circ f(x) - g \circ f(a)}{x - a}$$
$$= \lim_{x \to a} \frac{g(f(x)) - g(f(a))}{x - a}$$
$$= \lim_{x \to a} \frac{g(f(x)) - g(f(a))}{f(x) - f(a)} \times \frac{f(x) - f(a)}{x - a}$$
$$= \lim_{x \to a} \frac{g(f(x)) - g(f(a))}{f(x) - f(a)} \times \lim_{x \to a} \frac{f(x) - f(a)}{x - a}$$
$$= g'(f(a))f'(a)$$
という議論は，$x \neq a$ に対して $f(x) = f(a)$ となる場合は使えない．上の証明で φ を定義したのは，このような場合でも議論ができるようにするためである．

例 4.2.8 例 4.2.5 より, $(x^n)' = nx^{n-1}$, また, $(c)' = 0$（問 4.2.4 (2)）なので, 多項式関数
$$f : \mathbb{R} \to \mathbb{R}, f(x) = a_n x^n + a_{n-1} x^{n-1} + \cdots + a_1 x + a_0$$
に対して, 微分に関する性質により
$$\begin{aligned} f'(x) &= a_n(x^n)' + a_{n-1}(x^{n-1})' + \cdots + a_1(x)' + (a_0)' \\ &= a_n n x^{n-1} + a_{n-1}(n-1)x^{n-2} + \cdots + a_1. \end{aligned}$$ ◆◆◆

例 4.2.9 関数 $f : \mathbb{R} \to \mathbb{R}, f(x) = x^2 - 1$, $g : \mathbb{R} \to \mathbb{R}, g(x) = 2x^3 + x$ に対し, $f'(x) = 2x, g'(x) = 6x^2 + 1$ なので, 次を得る.

(1) $(fg)'(x) = f'(x)g(x) + f(x)g'(x)$
$= 2x(2x^3 + x) + (x^2 - 1)(6x^2 + 1)$

(2) $\left(\dfrac{f}{g}\right)'(x) = \dfrac{f'(x)g(x) - f(x)g'(x)}{g^2(x)}$
$= \dfrac{2x(2x^3 + x) - (x^2 - 1)(6x^2 + 1)}{(2x^3 + x)^2}$ $(x \neq 0)$

(3) $(g \circ f)'(x) = g'(f(x))f'(x) = \{6(x^2 - 1)^2 + 1\}(2x)$ ◆◆◆

問 4.2.10 関数 $f : \mathbb{R} \to \mathbb{R}, f(x) = 2x^2 + x$, $g : \mathbb{R} \to \mathbb{R}, g(x) = -x^{100}$ に対し, 次の関数の導関数をそれぞれ求めよ.
$$f + g, f^3, \frac{f}{g}, \frac{f+g}{g}, \frac{f^2}{g}, f \circ g, g \circ f, \left(\frac{f}{g}\right)^3$$

4.3 関数の近似と微分

「$\sqrt{2}$ を, だいたい 1.414 である」という文章を見かけると思うが, このように真の値に対し近い値を考えるとき, この近い数を, 真の値の**近似値**という. また真の値をこの値で近似するなどとも表現する. この近似をするという行為は, 関数に関しても行われる.

一般的に関数の値を求めることは難しい. しかし関数の中でも 1 次関数, 2 次関数, $\cdots$, n 次関数などの値を計算することは, 比較的容易である. そこで

関数 f の値を，これら計算の容易な関数の値によって近似することを考えるのは自然である．以下では最も簡単な関数，1次関数 $L(x) = cx$ で，関数 f の変化量を近似することを考える．実は，このことと関数 f の微分可能性とは，密接な関係がある．

関数 $f : \mathbb{R} \to \mathbb{R}$ が $a \in \mathbb{R}$ において微分可能であるとは，次の極限が存在することであった．

$$f'(a) = \lim_{h \to 0} \frac{f(a+h) - f(a)}{h}.$$

このことから，0 に十分近い h に対して

$$f'(a) \fallingdotseq^{(注)} \frac{f(a+h) - f(a)}{h}$$
$$\Leftrightarrow \quad f(a+h) - f(a) \fallingdotseq f'(a)h.$$

したがって，定義域において a から $a+h$ に変化したとき，変化量 h に対する関数の変化量

$$f(a+h) - f(a)$$

は，だいたい $f'(a)h$ であること，つまり $f(a+h) - f(a)$ は h の 1 次関数 $L(h) = f'(a)h$ で近似されることを意味している．

例 4.3.1 関数 $f : \mathbb{R} \to \mathbb{R}$, $f(x) = x^{100}$ の $x = 1$ における微分係数は，$f'(1) = 100$ なので，

$$f(1+h) - f(1) \fallingdotseq f'(1)h$$
$$\Leftrightarrow \quad (1+h)^{100} - 1 \fallingdotseq 100h$$
$$\Leftrightarrow \quad (1+h)^{100} \fallingdotseq 100h + 1$$

と表せる．この近似式より，$h = 0.001$ のとき，

$$(1 + 0.001)^{100} - 1 \fallingdotseq 100 \times 0.001 = 0.1$$
$$\Leftrightarrow \quad (1 + 0.001)^{100} \fallingdotseq 0.1 + 1 = 1.1$$

と近似されることになる． ◆◆◆

(注) 記号 $\fallingdotseq$ は両辺が "だいたい" 等しいことを表す．

いま考察した例において，$(1+h)^{100} - 1$ を，h の 1 次関数 $100h$ で近似したが，他の 1 次関数，例えば $L(h) = ch$ で近似することを考えてみよう．

先ほどの例より**良い近似**を得るためには，どのような c の値がよいだろうか．

まず良い近似とはどのようなものかを考える必要がある．良い近似であるためには，近似したときの誤差 E

$$E = |f(1+h) - f(1) - L(h)|$$
$$= |(1+h)^{100} - 1|$$

が小さいことはもちろんであるが，もともと $|h|$ の値が小さいときを考えているので，誤差 E 自体小さい．したがって $|h|$ に対する誤差の割合を見るために $|h|$ で割って $\dfrac{E}{|h|}$ を計算し，再び $|h|$ が小さいことを考慮して次の値

$$\lim_{h \to 0} \frac{E}{|h|} = \lim_{h \to 0} \frac{|(1+h)^{100} - 1 - ch|}{|h|}$$

を考えよう．当然この値が小さい方が望ましいと考えるのは自然であろう．実際この値を計算すると

$$\lim_{h \to 0} \frac{E}{|h|} = \lim_{h \to 0} \frac{|(1+h)^{100} - 1 - ch|}{|h|}$$
$$= \lim_{h \to 0} |(1+h)^{99} + (1+h)^{98} + \cdots + (1+h) + 1 - c|$$
$$= |100 - c|$$

となり，この値は，$c = 100$ のとき，最小の値 0 となる．いま与えた良い近似の基準において良く近似する 1 次関数は

$$L(h) = 100h$$

となった．

一般的に，**良い近似**であるための基準を次のように定義する．

定義 4.3.2 1 次関数 $L(h) = ch$ が，関数 $f(x)$ の変化量を a において良く近似するとは，

$$\lim_{h \to 0} \frac{|f(a+h) - f(a) - ch|}{|h|} = 0$$

となるときをいう．

関数 f が a において微分可能ならば

$$\lim_{h \to 0} \frac{f(a+h) - f(a)}{h} = f'(a)$$

なので，1次関数 $L(h) = f'(a)h$ に対し，

$$\lim_{h \to 0} \frac{|f(a+h) - f(a) - f'(a)h|}{|h|}$$
$$= \lim_{h \to 0} \left| \frac{f(a+h) - f(a)}{h} - f'(a) \right| = 0$$

となり，これは $L(h) = f'(a)h$ が a において良い近似であることを示している．

また逆に，関数 f を a において良く近似する1次関数 $L(h) = ch$ が存在すれば

$$\lim_{h \to 0} \frac{|f(a+h) - f(a) - L(h)|}{|h|}$$
$$= \lim_{h \to 0} \frac{|f(a+h) - f(a) - ch|}{|h|}$$
$$= \lim_{h \to 0} \left| \frac{f(a+h) - f(a)}{h} - c \right| = 0$$

となり，これは

$$c = \lim_{h \to 0} \frac{f(a+1) - f(a)}{h}$$

であることを意味する．したがって，微分係数の定義により，$c = f'(a)$ を得る．つまり，関数 f が，a において良い近似をもつならば，f は a において微分可能で，良い近似は $L(h) = f'(a)h$ である．

したがって，次の定理を得る．

> **定理 4.3.3** 関数 f が a において微分可能であることと，f が a において良い近似をもつことは同値である．また良い近似 $L(h)$ は存在するならば，ただ1つであり，$L(h) = f'(a)h$ である．

良い近似 $L(h)$ を，f の a における**微分**と呼ぶこともある．もちろんこのとき，微分係数 $f'(a)$ はこの良い近似の h の係数となっている．

4.4 関数の増減，極値，平均値の定理

微分係数は，定義 4.2.1 からも察せられるように，関数の値の変化の様子と密接な関係にある．まず，次の定理が成り立つ．

> **定理 4.4.1** 関数 $f:\mathbb{R} \to \mathbb{R}$ は $a \in \mathbb{R}$ で微分可能とする．
> (1) $f'(a) > 0$ ならば，ある $c > 0$ が存在して，
>
> 　　　　　任意の $x \in (a, a+c)$ に対し，$f(a) < f(x)$
>
> かつ
>
> 　　　　　任意の $x \in (a-c, a)$ に対し，$f(x) < f(a)$
>
> となる．
> (2) $f'(a) < 0$ ならば，ある $c > 0$ が存在して，
>
> 　　　　　任意の $x \in (a, a+c)$ に対し，$f(a) > f(x)$
>
> かつ
>
> 　　　　　任意の $x \in (a-c, a)$ に対し，$f(x) > f(a)$
>
> となる．

[証明] (1) と (2) はほぼ同様に示せるので，(1) のみを示す．$f'(a) = M$ とおく．

$$f'(a) = \lim_{x \to a} \frac{f(x) - f(a)}{x - a} = M > 0$$

であるから，$\varepsilon = \dfrac{M}{2}$ に対して，ある $c > 0$ が存在して，

$$0 < |x - a| < c \quad \text{ならば} \quad \left|\frac{f(x) - f(a)}{x - a} - M\right| < \varepsilon = \frac{M}{2}.$$

すなわち，$0 < |x - a| < c$ ならば，

$$-\frac{M}{2} < \frac{f(x) - f(a)}{x - a} - M < \frac{M}{2} \quad \Leftrightarrow \quad \frac{M}{2} < \frac{f(x) - f(a)}{x - a} < \frac{3M}{2}$$

したがって，

$$0 < \frac{f(x) - f(a)}{x - a}$$

である．よって，

$$a < x < a + c \quad \text{ならば} \quad f(x) > f(a)$$
$$a - c < x < a \quad \text{ならば} \quad f(x) < f(a)$$

を得る．　　□

問 4.4.2 前ページの定理 4.4.1 の (2) を証明せよ．

応用上も，関数の最大値，最小値を求めたいことが多いのだが，微分係数は局所的性質を反映しているだけなので，直接，最大値，最小値を探す能力はない．そこでまず，次の定義をする．

定義 4.4.3 関数 $f: \mathbb{R} \to \mathbb{R}$ と，$a \in \mathbb{R}$ に対し，ある $c > 0$ があって，任意の $x \in (a-c, a+c)$ に対し，$f(x) \leq f(a)$ が成り立つとき，f は a において**極大値** $f(a)$ をとるという．また，$f(x) \geq f(a)$ が成り立つとき，f は a において**極小値** $f(a)$ をとるという．極大値と極小値を総称して，**極値**という． ◆◆◆

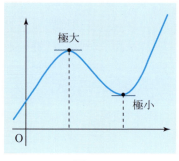

図 4.1

関数の極値と関数の微分係数には次の関係がある．

定理 4.4.4 微分可能な関数 $f: \mathbb{R} \to \mathbb{R}$ が $a \in \mathbb{R}$ において，極値をとるならば，
$$f'(a) = 0$$
である．

[証明] 定理 4.4.1 より，$f'(a) > 0$ の場合も $f'(a) < 0$ の場合も f は a において極値をとれない．したがって $f'(a) = 0$ でなければならない． □

例 4.4.5 $f: \mathbb{R} \to \mathbb{R}$, $f(x) = x^3 - 3x$ とすると，
$$\begin{aligned} f'(x) &= 3x^2 - 3 \\ &= 3(x+1)(x-1) \end{aligned}$$
より，f が極値をとる可能性のあるのは -1 と 1 においてのみである． ◆◆◆

微分係数は本来，関数の局所的性質を表す量であるが，ある程度，関数の大局的な性質と関係する場合がある．定理 4.4.4 を用いて次がわかる．

4.4 関数の増減，極値，平均値の定理

定理 4.4.6 (ロル (Roll) の定理) $f : [a,b] \to \mathbb{R}$ は連続で区間 (a,b) で微分可能な関数とし，$f(a) = f(b)$ とする．このとき，ある $c \in (a,b)$ が存在して，
$$f'(c) = 0.$$

証明 f は連続であるから，最大値・最小値の原理より f は $[a,b]$ 内で最大値と最小値をもつ．

(i) f の最大値をとる値と最小値をとる値が $\{a,b\}$ に属すとき．$f(a) = f(b)$ より，f は定数関数である．

(ii) f の最大値をとる値か最小値をとる値が (a,b) に属すとき．その値における f の微分係数は 0 である．

したがって，いずれの場合も，ある $c \in (a,b)$ が存在して，$f'(c) = 0$ となる． □

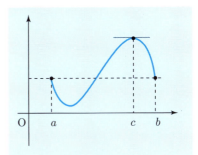

図 4.2

ロルの定理を用いて次の定理が示される．

定理 4.4.7 (平均値の定理) $f : [a,b] \to \mathbb{R}$ は連続で区間 (a,b) で微分可能な関数とする．このとき，ある $c \in (a,b)$ が存在して(注)，
$$\frac{f(b) - f(a)}{b - a} = f'(c).$$

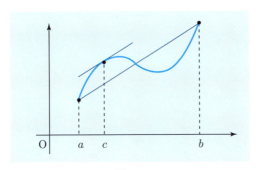

図 4.3

(注) 定理において $c \in (a,b)$ は $c = a + \theta(b-a)$ $(\theta \in (0,1))$ と表すこともできる．

[証明] $F: [a,b] \to \mathbb{R}$, $F(x) = f(x) - \left(f(a) + \dfrac{f(b)-f(a)}{b-a}(x-a)\right)$
とおく．$F(x)$ は $[a,b]$ で連続で，(a,b) で微分可能ある．また，

$$F(a) = f(a) - \left(f(a) + \dfrac{f(b)-f(a)}{b-a}(a-a)\right) = 0$$

$$F(b) = f(b) - \left(f(a) + \dfrac{f(b)-f(a)}{b-a}(b-a)\right) = 0$$

より $F(a) = F(b) = 0$ であるから，ロルの定理（定理 4.4.6）より，ある $c \in (a,b)$ が存在して，$F'(c) = 0$ となる．F の導関数 $F'(x)$ は

$$F'(x) = f'(x) - \dfrac{f(b)-f(a)}{b-a}$$

であり，$F'(c) = 0$ より

$$f'(c) = \dfrac{f(b)-f(a)}{b-a}. \qquad \square$$

定理 4.4.7 はいわゆる存在定理であって，具体的な $c \in (a,b)$ の値の情報はなんら与えない．与えられた関数に対して，具体的に c の値を知りたいときは別の考察が必要となる．しかし，存在が保証されることは非常に大切なことである．

例題 4.4.8 2次関数 $f: \mathbb{R} \to \mathbb{R}, f(x) = ax^2 + bx + c$ とする．$s < t$ に対し，次を満たす $\alpha \in (s,t)$ を求めよ．

$$\dfrac{f(t)-f(s)}{t-s} = f'(\alpha)$$

[解答]
$$\dfrac{f(t)-f(s)}{t-s} = \dfrac{at^2+bt+c-(as^2+bs+c)}{t-s} = \dfrac{(t-s)(a(t+s)+b)}{t-s}$$
$$= a(t+s) + b = f'(\alpha) = 2a\alpha + b.$$

したがって，$\alpha = \dfrac{t+s}{2}$. $\qquad \square$

問 4.4.9 3次関数 $f: \mathbb{R} \to \mathbb{R}, f(x) = x^3 - x$ とする．$a > 0$ に対し，次を満たす $c \in (-a, a)$ を求めよ．

$$\dfrac{f(a)-f(-a)}{2a} = f'(c)$$

4.5 平均値の定理の応用

定理 4.4.1 の主張は，a における微分係数の符号をみれば，a における f の値と，その前後の値との大小を判断できることをいっている．しかし，a における関数の値との比較のみでは何かと不便である．そこで次の定義をする．

定義 4.5.1 関数 $f: \mathbb{R} \to \mathbb{R}$ が区間 $[a,b]$ で増加しているとは次が成立することである．
$$a \le x < y \le b \quad \text{ならば} \quad f(x) < f(y).$$
同様に f が区間 $[a,b]$ で減少しているとは次が成立することである．
$$a \le x < y \le b \quad \text{ならば} \quad f(x) > f(y). \qquad \blacklozenge\blacklozenge\blacklozenge$$

次の定理より，微分係数の値を見れば，関数の増減を判断できる．証明には，平均値の定理が用いられる．

定理 4.5.2 関数 $f: \mathbb{R} \to \mathbb{R}$ が区間 $[a,b]$ で連続で，区間 (a,b) で微分可能とする．次が成立する．
 (1) $x \in (a,b)$ に対し，$f'(x) > 0$ であるならば，f は $[a,b]$ で増加している．
 (2) $x \in (a,b)$ に対し，$f'(x) < 0$ であるならば，f は $[a,b]$ で減少している．

証明 (1) と (2) はほぼ同様に示せるので，(1) のみを示す．$x,y \in [a,b]$, $x < y$ とする．区間 $[x,y]$ において f に平均値の定理を適用すると，ある $c \in (x,y)$ が存在して，
$$\frac{f(y) - f(x)}{y - x} = f'(c) > 0.$$
$y - x > 0$ であるから，$f(y) - f(x) > 0$ よって $f(y) > f(x)$. $\square$

問 4.5.3 上の定理 4.5.2 の (2) を証明せよ．

前ページの定理 4.5.2 より，f' の符号を調べれば微分係数が 0 になるところで実際に極大値，極小値をとるかどうかが判断できる．

例 4.5.4　$f : \mathbb{R} \to \mathbb{R}$, $f(x) = x^3 - 3x$ とすると，
$$f'(x) = 3x^2 - 3 = 3(x+1)(x-1)$$
である．x に対して，$x+1$, $x-1$ の値の変化を考えると $f'(x) = 3(x+1)(x-1)$ の値の変化は以下の表で得られる．

x		-1		1	
$x+1$	$-$	0	$+$	$+$	$+$
$x-1$	$-$	$-$	$-$	0	$+$
$f'(x)$	$+$	0	$-$	0	$+$

この表より以下の表（この表を f の**増減表**と呼ぶ．）を得る．

x		-1		1	
$f'(x)$	$+$	0	$-$	0	$+$
$f(x)$	増加	極大値	減少	極小値	増加

したがって，$f(x)$ は，
$$x = -1 \text{ のとき，極大値 } f(-1) = 2$$
$$x = 1 \text{ のとき，極小値 } f(1) = -2$$
をとる． ◆◆◆

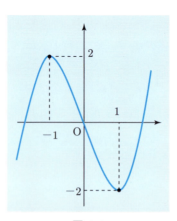

図 4.4

4.5 平均値の定理の応用

問 4.5.5 次の関数の極値を求めよ．
(1) $f : \mathbb{R} \to \mathbb{R}$, $f(x) = x^4 - 2x^2$
(2) $f : \mathbb{R} - \{1\} \to \mathbb{R}$, $f(x) = \dfrac{x^2}{x-1}$
(3) $f : \mathbb{R} - \{2\} \to \mathbb{R}$, $f(x) = \dfrac{x^2 - 1}{x - 2}$

定理 4.4.7 と同様な考え方で，次の定理が示せる．

定理 4.5.6 （コーシー (Cauchy) の平均値の定理）
$$f : [a, b] \to \mathbb{R}$$
$$g : [a, b] \to \mathbb{R}$$
は連続で区間 (a, b) で微分可能な関数とし，$g(a) \neq g(b)$ とするとき次が成立する．
ある $c \in (a, b)$ が存在して，
$$\frac{f(b) - f(a)}{g(b) - g(a)} = \frac{f'(c)}{g'(c)}.$$

[証明]
$$F : [a, b] \to \mathbb{R}, \quad F(x) = f(x)(g(b) - g(a)) - g(x)(f(b) - f(a))$$
とおく．$F(x)$ は連続で，区間 (a, b) で微分可能ある．また，
$$\begin{aligned} F(a) &= f(a)(g(b) - g(a)) - g(a)(f(b) - f(a)) \\ &= f(a)g(b) - g(a)f(b) \end{aligned}$$
$$\begin{aligned} F(b) &= f(b)(g(b) - g(a)) - g(b)(f(b) - f(a)) \\ &= f(a)g(b) - g(a)f(b) \end{aligned}$$
より $F(a) = F(b)$ であるから，ロルの定理より，ある $c \in (a, b)$ が存在して，$F'(c) = 0$ となる．

よって，
$$\frac{f(b) - f(a)}{g(b) - g(a)} = \frac{f'(c)}{g'(c)}. \qquad \square$$

定理 4.5.6 の応用として，次の定理がある．

定理 4.5.7 (ロピタル (de l'Hôpital) の定理) $f:(a,b) \to \mathbb{R}$, $g:(a,b) \to \mathbb{R}$ を微分可能な関数とする. $c \in (a,b)$ に対し $f(c)=g(c)=0$ とし, $x \in (a,b)-\{c\}$ に対し $g'(x) \neq 0$ とする. このとき, 次が成立する.
$$\lim_{x \to c}\frac{f'(x)}{g'(x)} = \alpha \quad \text{ならば} \quad \lim_{x \to c}\frac{f(x)}{g(x)} = \alpha$$

[証明] $x \in (c,b)$ とする. 定理 4.5.6 より, ある $d \in (c,x)$ が存在して,
$$\frac{f(x)}{g(x)} = \frac{f(x)-f(c)}{g(x)-g(c)} = \frac{f'(d)}{g'(d)}.$$
$x \in (a,c)$ のときも同様である. $x \to c$ とすると $d \to c$ であるから求める結論を得る. □

例題 4.5.8 極限値
$$\lim_{x \to 0}\frac{\log(1+x)}{x}$$
を求めよ[注1].

[解答]
$$\lim_{x \to 0}\frac{(\log(1+x))'}{(x)'} = \lim_{x \to 0}\frac{\frac{1}{1+x}}{1}$$
$$= \lim_{x \to 0}\frac{1}{1+x} = 1$$
より
$$\lim_{x \to 0}\frac{\log(1+x)}{x} = 1$$
を得る. □

問 4.5.9 極限値
$$\lim_{x \to 0}\frac{1-\cos x}{x}$$
を求めよ[注2].

[注1] log の定義や微分に関しては, 付録を参照せよ.
[注2] cos の定義や微分に関しては, 付録を参照せよ.

4.6 補足・発展 ——高階微分・テイラーの定理——

関数の微分とは，関数を近似する 1 次関数であった．ここでは，多項式で近似することを考える．多項式で近似した方が，1 次関数で近似するよりもより良い近似が得られる．

微分という操作を繰り返しやってみよう．

定義 4.6.1 $f : \mathbb{R} \to \mathbb{R}$ を微分可能な関数とし，$Df : \mathbb{R} \to \mathbb{R}$ を f の導関数とする．関数 Df が微分可能であるとき，その導関数

$$D(Df) : \mathbb{R} \to \mathbb{R}$$

を考えることができる．この関数 $D(Df)$ を f の **2 階導関数**といい，$D^2 f$ と表すことにする．さらに $D^2 f$ が微分可能であるとき，$D^2 f$ の導関数 $D(D^2 f)$ を考えることができる．これを f の **3 階導関数**といい $D^3 f$ と表すことにする．

このようにして，一般に，関数 f が r 回引き続き微分可能であるとき，f は r **回微分可能**であるといい，f の r **階導関数**

$$D^r f : \mathbb{R} \to \mathbb{R}$$

が定まる．

関数 f は r 回微分可能であって，r 階導関数 $D^r f$ が連続関数であるとき，C^r**-級関数**と呼ばれる．また何回でも微分可能な関数を C^∞**-級関数**という．◆◆◆

例 4.6.2 (1) $f : \mathbb{R} \to \mathbb{R}, f(x) = x^n$ は C^∞-級関数であって，
$k \leq n$ のとき，$D^k f(x) = n(n-1)(n-2) \cdots (n-(k-1))x^{n-k}$
$k > n$ のとき，$D^k f(x) = 0$

特に

$$D^n f(x) = n(n-1)(n-2) \cdots 2 \cdot 1$$

となる．このときの右辺を n の**階乗**といい，$n!$ で表す．

(2) $f : \mathbb{R} \to \mathbb{R}, f(x) = e^x$ (注) は C^∞-級関数であって，

$$D^k f(x) = e^x.$$

◆◆◆

(注) e^x の定義や微分に関しては付録を参照せよ．

問 4.6.3 (注1) 次の関数の r 階導関数を求めよ.
(1) $f: \mathbb{R} \to \mathbb{R}$, $f(x) = \sin x$
(2) $f: \{x \in \mathbb{R} \mid x > 0\} \to \mathbb{R}$, $f(x) = \log x$

n 階導関数の $a \in \mathbb{R}$ における値, つまり a における f の n 階微分係数 $D^n f(a)$ は, 何を表現しているのであろうか.

微分係数 $Df(a)$ は, f を a においてもっとも良く近似する 1 次関数の 1 次の項の係数と一致していた. つまり,

$$h \to 0 \text{ のとき} \quad \frac{|f(a+h) - f(a) - Df(a)h|}{|h|} \to 0$$

であった.

1 次関数で近似することを考えたのだから, 次は 2 次関数で近似してみることを考えるのは自然である. そのためには, 誤差を表す関数が小さいということをはっきりさせる必要がある.

定義 4.6.4 関数 $f: \mathbb{R} \to \mathbb{R}$, $g: \mathbb{R} \to \mathbb{R}$ が

$$\lim_{h \to 0} f(h) = 0$$
$$\lim_{h \to 0} g(h) = 0$$

$h \neq 0$ に対し $g(h) \neq 0$ を満たすとする.

$$\lim_{h \to 0} \frac{f(h)}{g(h)} = 0$$

が成立するとき f は g より**高位の無限小**であるといい,

$$f(h) = o(g(h))$$

と表す (注2).

(注1) sin, log の定義や微分に関しては付録を参照せよ.
(注2) この記号 o を**ランダウ (Landau) の記号**という場合がある.

4.6 補足・発展 ——高階微分・テイラーの定理——

例 4.6.5 (1) $f(a+h) - (f(a) + Df(a)h)$ は h より高位の無限小である．つまり
$$f(a+h) - (f(a) + Df(a)h) = o(h).$$

(2) 関数 $f(x) = x^k$, $g(x) = x^l$ に対し，$l < k$ ならば，
$$\lim_{h \to 0} \frac{f(h)}{g(h)} = \lim_{h \to 0} \frac{h^k}{h^l} = \lim_{h \to 0} h^{k-l} = 0$$
であるから，$f(x)$ は $g(x)$ より高位の無限小である．つまり $h^k = o(h^l)$ である．

問 4.6.6 (1) $\log(1+h)$ が h より高位の無限小であるかどうかを調べよ．
(2) $\dfrac{-1}{\log h}$ が h より高位の無限小であるかどうかを調べよ．

関数 f の 2 つの近似を考えるとき，その誤差がより高位の無限小である方が，より良い近似であると考えられる．f を $a \in \mathbb{R}$ において，高次の多項式関数で近似することを考えると，1 次関数による近似よりもより良い近似が得られることが期待される．

さて，$f(a+h)$ を h が小さいときにもっとも良く近似する h に関する n 次多項式関数は，どのようなものだろうか．とりあえず，関数 $F : \mathbb{R} \to \mathbb{R}$, $F(h) = f(a+h)$ と 0 における n 階までの微分係数が等しい多項式関数
$$P : \mathbb{R} \to \mathbb{R}, \quad P(h) = a_0 + a_1 h + a_2 h^2 + \cdots + a_{n-1} + a_n h^n$$
が候補と考えられる．すると，

$F(0) = f(a) = P(0) = a_0$

$DF(0) = Df(a) = DP(0) = a_1$

$D^2 F(0) = D^2 f(a) = D^2 P(0) = 2a_2 \quad $より$\quad a_2 = \dfrac{D^2 f(a)}{2}$

$D^3 F(0) = D^3 f(a) = D^3 P(0) = 3 \cdot 2 a_3 \quad $より$\quad a_3 = \dfrac{D^3 f(a)}{3!}$

$\vdots$

$D^n F(0) = D^n f(a) = D^n P(0) = n! a_n \quad $より$\quad a_n = \dfrac{D^n f(a)}{n!}$

である．

実際に，次の定理が成立する．

> **定理 4.6.7**（テイラー (Taylor) の定理） $f: \mathbb{R} \to \mathbb{R}$ を C^∞-関数とし，$a \in \mathbb{R}$ とする．各 $h \in \mathbb{R}$ に対し，ある $0 < \theta < 1$ があって，
> $$f(a+h) = f(a) + Df(a)h + \frac{D^2 f(a)}{2!}h^2 + \frac{D^3 f(a)}{3!}h^3 + \cdots$$
> $$+ \frac{D^n f(a)}{n!}h^n + \frac{D^{n+1}f(a+\theta h)}{(n+1)!}h^{n+1}$$
> が成り立つ．

注意 (1) $a + h = x$ とおけば，
$$f(x) = f(a) + Df(a)(x-a) + \frac{D^2 f(a)}{2!}(x-a)^2 + \frac{D^3 f(a)}{3!}(x-a)^3 + \cdots$$
$$+ \frac{D^n f(a)}{n!}(x-a)^n + \frac{D^{n+1}f(a+\theta(x-a))}{(n+1)!}(x-a)^{n+1}$$

となる．

(2) 多項式関数
$$f_n(x) = f(a) + Df(a)(x-a) + \frac{D^2 f(a)}{2!}(x-a)^2 + \frac{D^3 f(a)}{3!}(x-a)^3 + \cdots$$
$$+ \frac{D^n f(a)}{n!}(x-a)^n$$

は f の a における **n 次テイラー多項式関数**と呼ばれる．

(3) f を a において f_n で近似したときの**誤差関数**
$$f(a+h) - f_n(a+h) = \frac{D^{n+1}f(a+\theta h)}{(n+1)!}h^{n+1}$$

は h^n よりも高位の無限小である．

(4) f を a において n 次の多項式関数で近似するとき，誤差関数が $o(h^n)$ になるのは n 次テイラー多項式関数のときに限ることがチェックできる．

(5) $n = 0$ のときはテイラーの定理は平均値の定理（定理 4.4.7）である．

(6) θ の値は，h の値に依存し，h の値に対して一意的に決まるとは限らない．

問 4.6.8 上の注意の (1)〜(6) を確認せよ．

4.6 補足・発展——高階微分・テイラーの定理——

テイラーの定理を証明する前に次の補題を示す.

> **補題 4.6.9** C^∞-級関数 $g: \mathbb{R} \to \mathbb{R}$ が
> $$g(0) = Dg(0) = D^2g(0) = \cdots = D^n g(0) = 0$$
> を満たすとき,各 $h \in \mathbb{R}$ に対し,ある $0 < \theta < 1$ があって,
> $$g(h) = \frac{D^{(n+1)}g(\theta h)}{(n+1)!} h^{n+1}$$
> となる.

証明 [注] $h > 0$ のときを示す. g の n 階導関数 $D^{(n+1)}g$ は連続関数であるから,最大値・最小値の原理より閉区間 $[0, h]$ 上で最大値と最小値をもつ. それをそれぞれ M と m とする.

任意の $x \in [0, h]$ に対して, $m \le D^{(n+1)}g(x) \le M$

である. ここで積分の性質で,一般に閉区間 $[c, d]$ 上 $k(x) \le l(x)$ であるとき,
$$\int_c^d k(x)dx \le \int_c^d l(x)dx$$
であったことを思い出そう. したがって, $x \in [0, h]$ に対し,
$$\begin{aligned} mx &= \int_0^x m\, dt \\ &\le \int_0^x D^{(n+1)}g(t)dt = D^n g(x) - D^n g(0) = D^n g(x) \\ &\le \int_0^x M dt = Mx. \end{aligned}$$
よって, $x \in [0, h]$ に対し,
$$\begin{aligned} m\frac{x^2}{2} &= \int_0^x mt\, dt \\ &\le \int_0^x D^n g(t)dt = D^{n-1}g(x) - D^{n-1}g(0) = D^{(n-1)}g(x) \\ &\le \int_0^x Mt\, dt = M\frac{x^2}{2}. \end{aligned}$$
同様にこれを続けていくと, $x \in [0, h]$ に対し,
$$m\frac{x^{(n+1)}}{(n+1)!} \le g(x) \le M\frac{x^{(n+1)}}{(n+1)!}$$
となる. 特に

[注] この証明では積分の性質を用いている. 詳しくは 6 章を参照せよ.

である．このことは $g(h)$ が連続関数 $\dfrac{h^{(n+1)}}{(n+1)!}D^{(n+1)}g$ の $[0,h]$ 上の最小値と最大値の中間の値であることを示している．したがって，中間値の定理（定理3.3.7）により，$0<\theta<1$ が存在して（つまり $\theta h\in[0,h]$），

$$g(h)=\frac{D^{(n+1)}g(\theta h)}{(n+1)!}h^{(n+1)}$$

となる． □

準備が整ったところで，テイラーの定理の証明をしよう．

> テイラーの定理の証明

誤差関数
$$R_n(h)=f(a+h)-f_n(a+h)$$
は補題4.6.9の条件を満たすので，$R_n(h)$ に適用すると，ある $0<\theta<1$ があって，
$$R_n(h)=\frac{D^{(n+1)}R_n(\theta h)}{(n+1)!}h^{(n+1)}=\frac{D^{(n+1)}f(a+\theta h)}{(n+1)!}h^{(n+1)}. \qquad \Box$$

例題 4.6.10 (1) $f:\mathbb{R}\to\mathbb{R}$, $f(x)=x^6$ の1における6次テイラー多項式関数を求めよ．

(2) $f:\mathbb{R}\to\mathbb{R}, f(x)=e^x$ の0における n 次テイラー多項式関数を求めよ．

解答 (1)
$$1+6(x-1)+15(x-1)^2+20(x-1)^3+15(x-1)^4+6(x-1)^5+(x-1)^6$$

(2) $1+x+\dfrac{x^2}{2!}+\dfrac{x^3}{3!}+\cdots+\dfrac{x^n}{n!}$ □

問 4.6.11 (注)(1) $f:\mathbb{R}\to\mathbb{R}$, $f(x)=\log(1+x)$ の0における n 次テイラー多項式関数を求めよ．

(2) $f:\mathbb{R}\to\mathbb{R}$, $f(x)=\sin x$ の0における n 次テイラー多項式関数を求めよ．

(注) $\log, \sin$ の定義や微分に関しては，付録を参照せよ．

4.6 補足・発展——高階微分・テイラーの定理——

次に高階微分と極値の関係を考えよう．関数 $f:\mathbb{R}\to\mathbb{R}$ は $a\in\mathbb{R}$ において，極値をとるならば $Df(a)=0$ であった．しかし，逆に $Df(a)=0$ であっても，f は a で極値をとるとはいえなかった．a の前後の微分係数の値を調べることによって判断できたのであったが，高階微分係数まで見ることによってもわかる．

定理 4.6.12 C^∞-級関数 $f:\mathbb{R}\to\mathbb{R}$ とし $a\in\mathbb{R}$ とする．ある $n\in\mathbb{N}$ に対して，$Df(a)=D^2f(a)=\cdots=D^nf(a)=0, D^{n+1}f(a)\neq 0$ とするとき次が成り立つ．
(1) n が奇数のとき，f は a で極値をとり，
　(i) $D^{n+1}f(a)>0$ ならば，f は a で極小値をとる．
　(ii) $D^{n+1}f(a)<0$ ならば，f は a で極大値をとる．
(2) n が偶数のとき，f は a で極値をとらない．

証明 定理の条件とテイラーの定理（定理 4.6.7）より，
$$f(a+h)-f(a)=\frac{D^{(n+1)}f(a+\theta h)}{(n+1)!}h^{n+1}\quad (0<\theta<1)$$
となる．
(1) n を奇数とする．$n+1$ は偶数であるから $h\neq 0$ に対して，$h^{n+1}>0$ である．
　(i) $D^{n+1}f(a)>0$ とすると，$D^{n+1}f$ は連続であるから十分小さい h に対して，$D^{n+1}f(a+h)>0$ となる．したがって 0 でない十分小さい h に対し，
$$f(a+h)-f(a)=\frac{D^{(n+1)}f(a+\theta h)}{(n+1)!}h^{n+1}>0.$$
つまり，f は a で極小値をとる．
　(ii) $D^{n+1}f(a)<0$ のとき，(i) と同様に考えて，f は a で極大値をとる．
(2) n を偶数とする．$n+1$ は奇数であるから $h>0$ ならば，$h^{n+1}>0$ であり，$h<0$ ならば，$h^{n+1}<0$ である．h が十分小さいとき，(1) の場合と同様に，$D^{n+1}f(a+h)$ の符号は一定だから h が負から正に変わるとき，$f(a+h)-f(a)$ の符号は入れ替わる．したがって f は a で極値をとらない．□

問 4.6.13 関数
$$f:\mathbb{R}\to\mathbb{R},\ f(x)=6x^5-15x^4+10x^3$$
の極値を求めよ．

練習問題

4.1 $f : \mathbb{R} \to \mathbb{R}$, $f(x) = x^3$ を関数とする.
(1) f の 1 から h だけ変化したときの平均変化率を求めよ.
(2) $h > 0$ とする. (1) で求めた平均変化率を $g(h)$ とするとき,
$$g(h) = f'(c), \quad c \in (1, 1+h)$$
となる c を h を用いて表せ.
(3) (2) で求めた c に対し, 極限値 $\lim_{h \to 0} \dfrac{c-1}{h}$ を求めよ.

4.2 関数 $f : [0, \infty) \to \mathbb{R}$, $f(x) = \sqrt{x}$ を考える. (f は連続関数である, という事実を用いてよい.)
(1) f の 1 から h だけ変化したときの平均変化率を求めよ.
(2) $f'(1)$ を求めよ.

4.3 $f : \mathbb{R} \to \mathbb{R}$ は微分可能で $f(1) = 0$, $f(2) = 1$, $f'(1) = 2$ を, $g : \mathbb{R} \to \mathbb{R}$ は連続で $g(1) = 3$, $g(2) = 4$ を満たすとする. $h = fg : \mathbb{R} \to \mathbb{R}$, $h(x) = f(x)g(x)$ とする.
(1) h の 1 から 1 だけ変化したときの平均変化率を求めよ.
(2) h は 1 で微分可能か調べ, 微分可能ならば $h'(1)$ を求めよ.

4.4 (1) 関数 $f : \mathbb{R} - \{0\} \to \mathbb{R}$, $f(x) = \dfrac{1}{x}$ とする. $h \in \mathbb{R}$, $|h| < 1$ とするとき, f の 1 から h だけ変化したときの平均変化率を $F(h)$ とする.
(1) $F(h)$ を求めよ.
(2) $\varepsilon > 0$ とする.「$0 < |h| < \delta$ ならば $|F(h) + 1| < \varepsilon$」が成立するような $\delta > 0$ を求めよ.

4.5 次の関数の極値を求め, グラフを描け.
(1) $f : \mathbb{R} \to \mathbb{R}$, $f(x) = -\dfrac{x^4}{4} + \dfrac{x^3}{3} + x^2$
(2) $f : \mathbb{R} \to \mathbb{R}$, $f(x) = (x-2)^4 - 2(x-2)^2$
(3) $f : \mathbb{R} - \{0, 1\} \to \mathbb{R}$, $f(x) = \dfrac{1}{x} - \dfrac{1}{x-1}$
(4) $f : \mathbb{R} - \{1\} \to \mathbb{R}$, $f(x) = \dfrac{x}{(x-1)^{10}}$

4.6 微分可能な関数 $f : \mathbb{R} \to \mathbb{R}$ は, 任意の $x \in \mathbb{R}$ で $f'(x) = 0$ であるとする. このとき平均値の定理を用いて, f は定値関数であることを示せ.

4.7 関数 $f : \mathbb{R} \to \mathbb{R}$, $a, C \in \mathbb{R}$ とし, f は連続であり, $\mathbb{R} - \{a\}$ で微分可能であるとする. 次のことを示せ.
$$\lim_{x \to a} f'(x) = C \text{ ならば, } f \text{ は } a \text{ で微分可能で, } f'(a) = C \text{ である.}$$

多変数関数の微分

　この章では，1変数関数を一般化した関数，**多変数関数**とその微分を考えよう．多変数関数は，自然現象，社会現象などの数学的記述に欠かせないものである．

5.1 n 変数関数

　$n \in \mathbb{N}$ に対し，**n 変数関数**とは，定義域が $\mathbb{R}^n$ の部分集合で，値域が $\mathbb{R}$ である写像のことである．つまり，$D \subset \mathbb{R}^n$ とするとき，
$$f : D \to \mathbb{R}$$
のことである．点 $(x_1, x_2, ..., x_n) \in D \subset \mathbb{R}^n$ の f による値を $f(x_1, x_2, ..., x_n)$ と表すことにする．つまり，
$$f : (x_1, x_2, ..., x_n) \longmapsto f(x_1, x_2, ..., x_n)$$
である．定義域 $D \subset \mathbb{R}^n$ の要素の成分を表す記号 $x_1, ..., x_n$ などを**変数**と呼ぶことがある．

例 5.1.1　多変数関数の例をいくつか挙げよう．
　(1)　　　　$f : \mathbb{R}^2 \to \mathbb{R},\ f(x_1, x_2) = x_1^2 - 2x_1 x_2 + 3x_2 + 1$
これは2変数関数の1つの例である．この関数の値は変数に関する多項式で決まっている．このような関数は1変数のときと同様に**多項式関数**と呼ばれる．例えば，点 $(1, 2)$ における f の値は

$$f(1,2) = 1^2 - 2 \times 1 \times 2 + 3 \times 2 + 1 = 4$$

である．

(2) $f : \mathbb{R}^3 \to \mathbb{R}, \ f(x_1, x_2, x_3) = x_1 x_2^2 + 3 x_1 x_2 x_3 + x_2 x_3^2$

これは，3 変数関数の多項式関数の 1 つの例である．例えば，

$$f(3,2,5) = 3 \times 2^2 + 3 \times 3 \times 2 \times 5 + 2 \times 5^2 = 152$$

である．この 3 変数関数の項 $x_1 x_2^2, \ 3 x_1 x_2 x_3, \ x_2 x_3^2$ はそれぞれ 3 個の変数の積からなっている．このように各項が同じ個数の変数の積からなる多変数関数を**同次多項式関数**という．

(3) $f : \mathbb{R}^2 \to \mathbb{R}, \ f(x_1, x_2) = 3 x_1^2 + 1$

これは，$3 x_1^2 + 1$ に x_2 が含まれていないが，定義域が $\mathbb{R}^2$ なので，2 変数関数の 1 つの例である．関数 f は x_2 の値に関係なく値が決まる．例えば，

$$f(1,1) = f(1,2) = f(1,3) = f(1,4) = 3 \times 1^2 + 1 = 4$$

である．

(4) $D = \{1,2\} \times \{1,3\} = \{(1,1),(1,3),(2,1),(2,3)\}$ とする．関数

$$f : D \to \mathbb{R}, \ f(1,1) = 1, f(1,3) = 2, f(2,1) = 5, f(2,3) = 2$$

は 2 変数関数の 1 つの例である． ◆◆◆

問 5.1.2 多変数関数の例を 2 つ挙げよ．

問 5.1.3 2 変数同次多項式関数の例を 1 つ挙げよ．

以後は，簡単のために，主に，説明は 2 変数の場合，つまり，定義域が $\mathbb{R}^2$ の部分集合の場合で進めていく．一般の場合には容易に拡張される．

5.2 2 変数関数の連続性

$\mathbb{R}^2$ は座標平面と同一視できる．したがって，2 変数関数の定義域の元を平面上の点と思うと視覚的イメージが得られる．以後，$\mathbb{R}^2$ の元を点と呼ぶことにし，太字のアルファベットで表す．例えば $\boldsymbol{a}, \boldsymbol{b}, \ldots, \boldsymbol{x}, \boldsymbol{y}, \boldsymbol{z}$．

$\mathbb{R}^2$ の 2 つの点の近さ遠さを測ることを考えよう．

5.2 2変数関数の連続性

定義 5.2.1 2点 $\bm{x}=(x_1,x_2)$ と $\bm{y}=(y_1,y_2)$ の**距離** $|\bm{x}-\bm{y}|$ を
$$|\bm{x}-\bm{y}|=|(x_1-y_1,x_2-y_2)|=\sqrt{(x_1-y_1)^2+(x_2-y_2)^2}$$
と定める．特に，$\bm{x}$ と原点 $\bm{0}=(0,0)$ との距離 $|\bm{x}-\bm{0}|$ を $\bm{x}$ の**絶対値**（または**大きさ**）といい，$|\bm{x}|$ と書く． ◆◆◆

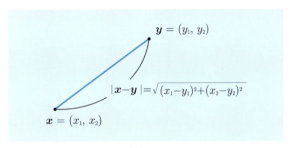

図 5.1

この距離を用いれば，2変数関数に対して，容易に極限の考え方を導入できる．

定義 5.2.2 $f:\mathbb{R}^2\to\mathbb{R}$ とし，$\bm{a}=(a_1,a_2)\in\mathbb{R}^2, b\in\mathbb{R}$ とする．
$$\bm{x}\to\bm{a}\quad\text{のとき}\quad f(\bm{x})\to b$$
であるとは，
任意の $\varepsilon>0$ に対して，ある $\delta>0$ が存在して，
$$0<|\bm{x}-\bm{a}|<\delta\quad\text{ならば}\quad |f(\bm{x})-b|<\varepsilon$$
が成立することである．b を $\bm{x}\to\bm{a}$ の $f(\bm{x})$ の**極限**という．1変数関数の場合と同様に極限は，存在するならば，一意的である．

このとき，1変数のときと同様に，
$$\lim_{\bm{x}\to\bm{a}}f(\bm{x})=b,\quad \lim_{(x_1,x_2)\to(a_1,a_2)}f(x_1,x_2)=b$$
などの記号を用いる． ◆◆◆

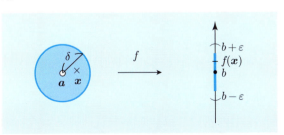

図 5.2

1変数の場合と同様に極限に関して次の定理が成立する．

> **定理 5.2.3** 関数 $f: \mathbb{R}^2 \to \mathbb{R}$, $g: \mathbb{R}^2 \to \mathbb{R}$ に対して，$\boldsymbol{a} \in \mathbb{R}^2$, $\lim_{\boldsymbol{x} \to \boldsymbol{a}} f(\boldsymbol{x}) = b$, $\lim_{\boldsymbol{x} \to \boldsymbol{a}} g(\boldsymbol{x}) = c$ のとき，
> (1) 定数 α に対し，$\lim_{\boldsymbol{x} \to \boldsymbol{a}} \alpha f(\boldsymbol{x}) = \alpha b$
> (2) $\lim_{\boldsymbol{x} \to \boldsymbol{a}} (f(\boldsymbol{x}) \pm g(\boldsymbol{x})) = b \pm c$
> (3) $\lim_{\boldsymbol{x} \to \boldsymbol{a}} f(\boldsymbol{x}) g(\boldsymbol{x}) = bc$
> (4) $c \neq 0$ のとき，$\lim_{\boldsymbol{x} \to \boldsymbol{a}} \dfrac{f(\boldsymbol{x})}{g(\boldsymbol{x})} = \dfrac{b}{c}$
> (5) $\lim_{\boldsymbol{x} \to \boldsymbol{a}} |f|(\boldsymbol{x}) = |b|$
>
> ここで，関数の演算 $\left(\alpha f, f \pm g, fg, \dfrac{f}{g}, |f| \right)$ は定義 1.5.2 と同様に定義する．

例 5.2.4 （上の定理の使用方法）関数
$$f : \mathbb{R}^2 \to \mathbb{R}, \ f(x_1, x_2) = \frac{|x_1^2 + 3x_1 x_2| + x_2^3 - 4x_1 + 3}{x_1^2 + |x_3|^3 + 2}$$
に対して，
$$\lim_{\boldsymbol{x} \to 0} f(\boldsymbol{x}) = \frac{|0^2 + 3 \cdot 0 \cdot 0| + 0^3 - 4 \cdot 0 + 3}{0^2 + |0|^3 + 2} = \frac{3}{2}$$
である．

> **定理 5.2.5** （はさみうち）関数 $f: \mathbb{R}^2 \to \mathbb{R}$, $g: \mathbb{R}^2 \to \mathbb{R}$ に対して，$0 \leq f(\boldsymbol{x}) \leq g(\boldsymbol{x})$ が成り立つとする．このとき，$\boldsymbol{a} \in \mathbb{R}^2$ に対して $\lim_{\boldsymbol{x} \to \boldsymbol{a}} g(\boldsymbol{x}) = 0$ ならば，$\lim_{\boldsymbol{x} \to \boldsymbol{a}} f(\boldsymbol{x}) = 0$ である．

例 5.2.6 （はさみうちの使用方法）関数 $f: \mathbb{R}^2 \to \mathbb{R}$ が $0 \leq f(\boldsymbol{x}) \leq |x_1|^3 + 4(x_2^3 - 4x_1) - 5x_1^3 x_2^2$ を満たすとする．このとき，
$$\lim_{\boldsymbol{x} \to 0} |x_1|^3 + 4(x_2^3 - 4x_1) - 5x_1^3 x_2^2 = |0|^3 + 4(0^2 - 4 \cdot 0) - 5 \cdot 0^3 \cdot 0^2 = 0$$
であるので，$\lim_{\boldsymbol{x} \to 0} f(\boldsymbol{x}) = 0$ である．

定義 5.2.7　$f: \mathbb{R}^2 \to \mathbb{R}$ が $\boldsymbol{a} \in \mathbb{R}^2$ で**連続**であるとは，
$$\lim_{\boldsymbol{x} \to \boldsymbol{a}} f(\boldsymbol{x}) = f(\boldsymbol{a})$$
が成立することである．

例 5.2.8　次で定義される関数 $f: \mathbb{R}^2 \to \mathbb{R}$ は **0** で連続ではない．

点 $(x_1, x_2) \in \mathbb{R}^2$ に対し，
$$f(x_1, x_2) = \begin{cases} \dfrac{x_1^2}{x_1^2 + x_2^2} & (x_1, x_2) \neq (0,0) \\ 0 & (x_1, x_2) = (0,0) \end{cases}$$

なぜなら，$x_1 = 0, x_2 \neq 0$ のとき $f(x_1, x_2) = 0$ であり，$x_1 \neq 0, x_2 = 0$ のとき
$$f(x_1, x_2) = \frac{x_1^2}{x_1^2 + 0^2} = 1$$
より，$(x_1, x_2) \to (0,0)$ のときの $f(x_1, x_2)$ の極限値は存在しないからである．

問 5.2.9　次で定義される関数 $f: \mathbb{R}^2 \to \mathbb{R}$ は **0** で連続かどうか調べよ．
$$f(x_1, x_2) = \begin{cases} \dfrac{x_1 x_2}{x_1^2 + x_2^2} & (x_1, x_2) \neq (0,0) \\ 0 & (x_1, x_2) = (0,0) \end{cases}$$

5.3　2 変数関数の微分

2 変数関数についても微分の考え方を導入しよう．1 変数関数の場合は，ある実数の付近において，ある 1 次関数が関数の値の変化量を，良く近似するとき，その関数は微分可能であって，その 1 次関数を微分と呼んだ．この考え方を，2 変数関数の場合にも適用する．

定義域 $\mathbb{R}^2$ における変化が (a_1, a_2) から $(a_1 + h_1, a_2 + h_2)$ であるとき，2 変数関数 $f: \mathbb{R}^2 \to \mathbb{R}$ の値の変化量は，

$$f(a_1+h_1, a_2+h_2) - f(a_1, a_2)$$

で表される．この変化をある 1 次関数

$$L : \mathbb{R}^2 \to \mathbb{R}, \ L(h_1, h_2) = A_1 h_1 + A_2 h_2$$

で近似する．このとき，誤差は

$$|f(a_1+h_1, a_2+h_2) - f(a_1, a_2) - (A_1 h_1 + A_2 h_2)|$$

となる．近似の良し悪しは，定義域における変化の大きさに対して，誤差がどのくらいの割合で変化するかで評価する．この場合，定義域における変化の大きさを表すものとして，(a_1, a_2) から (a_1+h_1, a_2+h_2) までの距離

$$\sqrt{h_1^2 + h_2^2}$$

を用いるのは自然だろう．したがって，変化の大きさに対する誤差の比は

$$\frac{|f(a_1+h_1, a_2+h_2) - f(a_1, a_2) - (A_1 h_1 + A_2 h_2)|}{\sqrt{h_1^2 + h_2^2}}$$

で表される．$(h_1, h_2) \to \boldsymbol{0}$ としたときのこの値の極限が 0 である 1 次関数がもっとも良い近似と考えられる．

1 変数関数の場合は，微分係数の定義をし，それが 1 次関数による近似と関連があるということを考えたが，2 変数関数の場合は，最初から 1 次関数による近似という観点から微分を定義するのである．

定義 5.3.1 関数 $f : \mathbb{R}^2 \to \mathbb{R}$ が $\boldsymbol{a} = (a_1, a_2)$ において**微分可能**であるとは，次の式を満たす 1 次関数 $L : \mathbb{R}^2 \to \mathbb{R}$ が存在することである．

$$\lim_{(h_1, h_2) \to \boldsymbol{0}} \frac{|f(a_1+h_1, a_2+h_2) - f(a_1, a_2) - L(h_1, h_2)|}{\sqrt{h_1^2 + h_2^2}} = 0.$$

このとき，1 次関数 L を f の点 (a_1, a_2) における**微分**といい，$Df(a_1, a_2)$ や，$Df(\boldsymbol{a})$ で表す．さらに，f が $\mathbb{R}^2$ の全ての点において微分可能であるとき，f は微分可能であるという． ◆◆◆

5.3　2変数関数の微分

例 5.3.2　2変数関数を $f: \mathbb{R}^2 \to \mathbb{R}$, $f(x_1, x_2) = x_1^2 + x_2^2$ とする．f の点 $(1,3)$ における微分は，$Df(1,3)(h_1, h_2) = 2h_1 + 6h_2$ であることを示す．

$$\lim_{(h_1, h_2) \to \mathbf{0}} \frac{|f(1+h_1, 3+h_2) - f(1,3) - (2h_1 + 6h_2)|}{\sqrt{h_1^2 + h_2^2}}$$

$$= \lim_{(h_1, h_2) \to \mathbf{0}} \frac{|(1+h_1)^2 + (3+h_2)^2 - (1^2 + 3^2) - (2h_1 + 6h_2)|}{\sqrt{h_1^2 + h_2^2}}$$

$$= \lim_{(h_1, h_2) \to \mathbf{0}} \frac{h_1^2 + h_2^2}{\sqrt{h_1^2 + h_2^2}}$$

$$= \lim_{(h_1, h_2) \to \mathbf{0}} \sqrt{h_1^2 + h_2^2}.$$

ここで，$0 \le \sqrt{h_1^2 + h_2^2} \le |h_1| + |h_2|$ であり，また定理 5.2.3 より

$$\lim_{(h_1, h_2) \to \mathbf{0}} (|h_1| + |h_2|) = 0$$

である．よって，定理 5.2.5 より

$$\lim_{(h_1, h_2) \to \mathbf{0}} \sqrt{h_1^2 + h_2^2} = 0$$

となる．

問 5.3.3　2変数関数を $f: \mathbb{R}^2 \to \mathbb{R}$, $f(x_1, x_2) = x_1^3$ とする．f の点 $(2,3)$ における微分は，$Df(2,3)(h_1, h_2) = 12h_1$ であることを確かめよ．

1変数の場合と同様に次が成立する．

定理 5.3.4　2変数関数 $f: \mathbb{R}^2 \to \mathbb{R}$ が $\boldsymbol{a} \in \mathbb{R}^2$ において微分可能ならば f は $\boldsymbol{a}$ で連続である．

問 5.3.5　上の定理 5.3.4 を証明せよ．

5.4 偏微分

関数が微分可能であるとき，関数の微分である 1 次関数の係数 A_1, A_2 は，どのように決定すればよいのだろうか？この係数を決定する便利な方法がある．

定義 5.4.1 $f : \mathbb{R}^2 \to \mathbb{R}$ を点 $(a_1, a_2) \in \mathbb{R}^2$ において微分可能とし，
$$Df(a_1, a_2)(h_1, h_2) = A_1 h_1 + A_2 h_2$$
とする．微分の定義式において，$h_2 = 0$ として h_1 を 0 に近づけると，

$$\begin{aligned}
&\lim_{h_1 \to 0} \frac{|f(a_1 + h_1, a_2) - f(a_1, a_2) - A_1 h_1|}{\sqrt{h_1^2}} \\
&= \lim_{h_1 \to 0} \frac{|f(a_1 + h_1, a_2) - f(a_1, a_2) - A_1 h_1|}{|h_1|} \\
&= \lim_{h_1 \to 0} \left| \frac{f(a_1 + h_1, a_2) - f(a_1, a_2)}{h_1} - A_1 \right| \\
&= 0.
\end{aligned}$$

したがって，
$$A_1 = \lim_{h_1 \to 0} \frac{f(a_1 + h_1, a_2) - f(a_1, a_2)}{h_1}$$
となる．この値を点 (a_1, a_2) における f の**第 1 成分に関する偏微分係数**といい，記号
$$D_1 f(a_1, a_2) \quad \text{または} \quad \frac{\partial f}{\partial x_1}(a_1, a_2)$$
などで表す．同様にして
$$A_2 = \lim_{h_2 \to 0} \frac{f(a_1, a_2 + h_2) - f(a_1, a_2)}{h_2}$$
となる．この値を点 (a_1, a_2) における f の**第 2 成分に関する偏微分係数**といい，記号
$$D_2 f(a_1, a_2) \quad \text{または} \quad \frac{\partial f}{\partial x_2}(a_1, a_2)$$
などで表す．偏微分係数を用いて f の点 (a_1, a_2) における微分を表せば
$$Df(a_1, a_2)(h_1, h_2) = D_1 f(a_1, a_2) h_1 + D_2 f(a_1, a_2) h_2$$
となる．

5.4 偏微分

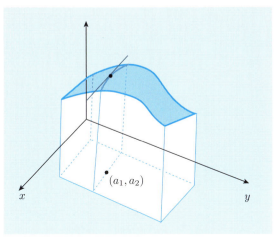

図 5.3

例題 5.4.2 微分可能な関数 $f : \mathbb{R}^2 \to \mathbb{R}$, $f(x_1, x_2) = x_1^2 + x_1 x_2$ に対し，次の各問に答えよ．

(1) この 2 変数関数の点 $(1, 2)$ における微分を求めよ．

(2) 点 $(1, 2)$ における，f の値の変化量と微分の誤差
$$|f(1+h_1, 2+h_2) - f(1, 2) - Df(1, 2)(h_1, h_2)|$$
を求めよ．

解答 (1)
$$\begin{aligned}
D_1 f(1, 2) &= \lim_{h \to 0} \frac{f(1+h, 2) - f(1, 2)}{h} \\
&= \lim_{h \to 0} \frac{(1+h)^2 + 2(1+h) - (1^2 + 2)}{h} = \lim_{h \to 0} \frac{4h + h^2}{h} = 4 \\
D_2 f(1, 2) &= \lim_{h \to 0} \frac{f(1, 2+h) - f(1, 2)}{h} \\
&= \lim_{h \to 0} \frac{1 + (2+h) - (1+2)}{h} = \lim_{h \to 0} \frac{h}{h} = 1
\end{aligned}$$
となるので，
$$Df(1, 2)(h_1, h_2) = 4h_1 + h_2$$
である．

(2) $|f(1+h_1, 2+h_2) - f(1,2) - Df(1,2)(h_1, h_2)|$
$= |(1+h_1)^2 + (1+h_1)(2+h_2) - (1^2 + 1\times 2) - (4h_1 + h_2)|$
$= |h_1^2 + h_1 h_2|.$ □

問 5.4.3   微分可能な関数 $f: \mathbb{R}^2 \to \mathbb{R}$, $f(x_1, x_2) = (x_1 + x_2)^3$ に対し,次の各問に答えよ.
(1) この2変数関数の点 $(1,2)$ における微分を求めよ.
(2) 点 $(1,2)$ における,f の値の変化量と微分の誤差
$$|f(1+h_1, 2+h_2) - f(1,2) - Df(1,2)(h_1, h_2)|$$
を求めよ.

例 5.4.4   (応用) 2つの財があって,ある人が第1の財,第2の財をそれぞれ x_1, x_2 所有しているとき,この人の効用が2変数関数 $U(x_1, x_2)$ で表されているとする.いま,この人の所有している第1財が h だけ減少したとしよう.ここでその効用が変化しないようにするには,第2財をどのくらい増加させればよいであろうか.k でその増加量を表すことにする.

微分の定義より,h, k が小さいとして
$$U(a_1 + h, a_2 + k) - U(a_1, a_2) \fallingdotseq D_1 U(a_1, a_2) h + D_2 U(a_1, a_2) k$$
なので,いま
$$U(a_1 - h, a_2 + k) = U(a_1, a_2)$$
となるように k の量を決定したい.この式より
$$D_1 U(a_1, a_2)(-h) + D_2 U(a_1, a_2) k = 0 \iff k = \frac{D_1 U(a_1, a_2)}{D_2 U(a_1, a_2)} h$$
となる.この式において,
$$\frac{D_1 U(a_1, a_2)}{D_2 U(a_1, a_2)}$$
は,第1財が1単位だけ減少したとき,その効用を保つために必要な第2財の増加量と考えられ,また第1財1単位あたりと同様の価値をもつ第2財の増加量と見ることもできる.

この値を (a_1, a_2) における第1財に対する第2財の**限界代替率**という.

5.5 補足・発展 ——方向微分——

ここでは，偏微分の一般化である方向微分に関して述べる．

$f: \mathbb{R}^2 \to \mathbb{R}$ は $\boldsymbol{a} \in \mathbb{R}^2$ で微分可能とする．$\boldsymbol{v} \in \mathbb{R}^2$ に対して，$\boldsymbol{a}$ における f の微分の $\boldsymbol{v}$ に対する値

$$Df(\boldsymbol{a})(\boldsymbol{v})$$

はどのようなものを表現していると考えられるだろうか．ただし，$\boldsymbol{v} \neq \boldsymbol{0}$ とする．

f は微分可能であるから，

$$\lim_{\boldsymbol{h} \to \boldsymbol{0}} \frac{|f(\boldsymbol{a}+\boldsymbol{h}) - f(\boldsymbol{a}) - Df(\boldsymbol{a})(\boldsymbol{h})|}{|\boldsymbol{h}|} = 0$$

である．

ここで，

$$\boldsymbol{h} = t\boldsymbol{v}$$

とおいて，$t \to 0$ とすることにより $\boldsymbol{h} \to \boldsymbol{0}$ としてみよう．

$$\lim_{t \to 0} \frac{|f(\boldsymbol{a}+t\boldsymbol{v}) - f(\boldsymbol{a}) - Df(\boldsymbol{a})(t\boldsymbol{v})|}{|t\boldsymbol{v}|}$$
$$= \lim_{t \to 0} \frac{|f(\boldsymbol{a}+t\boldsymbol{v}) - f(\boldsymbol{a}) - tDf(\boldsymbol{a})(\boldsymbol{v})|}{|t||\boldsymbol{v}|}$$
$$= \frac{1}{|\boldsymbol{v}|} \lim_{t \to 0} \left| \frac{f(\boldsymbol{a}+t\boldsymbol{v}) - f(\boldsymbol{a})}{t} - Df(\boldsymbol{a})(\boldsymbol{v}) \right|$$
$$= 0.$$

よって，次が得られる．

$$Df(\boldsymbol{a})(\boldsymbol{v}) = \lim_{t \to 0} \frac{f(\boldsymbol{a}+t\boldsymbol{v}) - f(\boldsymbol{a})}{t}.$$

上の等式の右辺は，t が時間を表すと思うと，点 $\boldsymbol{a}$ を速度 $\boldsymbol{v}$ で通り過ぎるときの f の値の瞬間的変化率と考えることができる．

次の定義をしておこう．

定義 5.5.1　関数

$$f : \mathbb{R}^2 \to \mathbb{R} \text{ とし}, \ \boldsymbol{a}, \boldsymbol{v} \in \mathbb{R}^2$$

とする．ただし，$\boldsymbol{v} \neq \boldsymbol{0}$ とする．極限値

$$\lim_{t \to 0} \frac{f(\boldsymbol{a} + t\boldsymbol{v}) - f(\boldsymbol{a})}{t}$$

が存在するとき，f は $\boldsymbol{a}$ において，$\boldsymbol{v}$ 方向に**方向微分可能**であるといい，この極限値を f の $\boldsymbol{a}$ における $\boldsymbol{v}$ 方向の**方向微分**といい，$D_{\boldsymbol{v}} f(\boldsymbol{a})$ と書く．

また，

$$f : \mathbb{R}^n \to \mathbb{R}$$

が $\mathbb{R}^2$ の全ての点において全ての方向に方向微分可能であるとき，

$$f : \mathbb{R}^2 \to \mathbb{R}$$

は**方向微分可能**であるという．

命題 5.5.2　(1) f が微分可能ならば，f は方向微分可能であり，任意の $\boldsymbol{v} \ (\neq \boldsymbol{0})$ に対して

$$Df(\boldsymbol{a})(\boldsymbol{v}) = D_{\boldsymbol{v}} f(\boldsymbol{a})$$

である．

(2) 特に，

$$\boldsymbol{e}_1 = (1, 0), \quad \boldsymbol{e}_2 = (0, 1)$$

であるとき，$\boldsymbol{e}_i$ 方向の方向微分は，第 i 成分方向に関する偏微分係数である．つまり，

$$D_i f(\boldsymbol{a}) = D_{\boldsymbol{e}_i} f(\boldsymbol{a})$$

である．

証明は練習問題とする．

例題 5.5.3　関数 $f : \mathbb{R}^2 \to \mathbb{R}, \ f(x_1, x_2) = x_1^2 + x_2^2$ に対して，

(1) 点 $(1, 1)$ における $\boldsymbol{v} = (v_1, v_2)$ 方向の方向微分 $D_{\boldsymbol{v}} f(1, 1)$ を求めよ．

(2) $D_{\boldsymbol{v}} f(1, 1) = 0$ となる $\boldsymbol{v}$ を求めよ．

(3) $|\boldsymbol{v}| = 1$ とするとき，$D_{\boldsymbol{v}} f(1, 1)$ の値が最大となる $\boldsymbol{v}$ を求めよ．

解答 (1)
$$\begin{aligned}D_{(v_1,v_2)}f(1,1) &= \lim_{t\to 0}\frac{f(1+tv_1,1+tv_2)-f(1,1)}{t}\\ &= \lim_{t\to 0}\frac{(1+tv_1)^2+(1+tv_2)^2-(1^2+1^2)}{t}\\ &= \lim_{t\to 0}\frac{1+2tv_1+t^2v_1^2+1+2tv_2+t^2v_2^2-2}{t}\\ &= \lim_{t\to 0}(2v_1+2v_2+tv_1^2+tv_2^2)\\ &= 2(v_1+v_2)\end{aligned}$$

(2) $\boldsymbol{v}=s(1,-1)\quad (s\in\mathbb{R})$

(3) $D_{\boldsymbol{v}}f(1,1)=2(v_1+v_2)=k$ とおき,$v_1^2+v_2^2=1$ とで v_1 を消去すると,
$$\left(\frac{k}{2}-v_2\right)^2+v_2^2=1.$$

変形すると,
$$2\left(v_2-\frac{k}{4}\right)^2=1-\frac{k^2}{8}.$$

よって,
$$1-\frac{k^2}{8}\geq 0$$

なので
$$2\sqrt{2}\geq k.$$

$k=2\sqrt{2}$ となるのは,
$$v_1=v_2=\frac{\sqrt{2}}{2}$$

のときである. □

問 5.5.4 関数
$$f:\mathbb{R}^2\to\mathbb{R},\ f(x_1,x_2)=x_1^2-x_2^2$$
に対して,
(1) 点 $(1,0)$ における $\boldsymbol{v}=(v_1,v_2)$ 方向の方向微分 $D_{\boldsymbol{v}}f(1,0)$ を求めよ.
(2) $D_{\boldsymbol{v}}f(1,0)=0$ となる $\boldsymbol{v}$ を求めよ.
(3) $|\boldsymbol{v}|=1$ とするとき,$D_{\boldsymbol{v}}f(1,0)$ の値が最大となる $\boldsymbol{v}$ を求めよ.

例 5.5.5 次で定義される関数 $f : \mathbb{R}^2 \to \mathbb{R}$ は $\mathbf{0}$ で方向微分可能であるが微分可能ではない.

$(x_1, x_2) \in \mathbb{R}^2$ に対し,

$$f(x_1, x_2) = \begin{cases} \dfrac{x_1^3}{x_1^2 + x_2^2} & (x_1, x_2) \neq (0, 0) \\ 0 & (x_1, x_2) = (0, 0) \end{cases}$$

なぜなら, $\boldsymbol{v} = (v_1, v_2) \neq (0, 0)$ とすると,

$$D_{\boldsymbol{v}} f(\mathbf{0}) = \lim_{t \to 0} \frac{1}{t} \left(\frac{(tv_1)^3}{(tv_1)^2 + (tv_2)^2} - 0 \right)$$
$$= \frac{(v_1)^3}{(v_1)^2 + (v_2)^2}$$

より方向微分可能である. したがって,

$$D_1 f(\mathbf{0}) = D_{(1,0)} f(\mathbf{0})$$
$$= 1$$
$$D_2 f(\mathbf{0}) = D_{(0,1)} f(\mathbf{0})$$
$$= 0$$

である. ここで f が微分可能であるとすれば,

$$Df(\mathbf{0})(v_1, v_2) = D_1 f(\mathbf{0}) v_1 + D_2 f(\mathbf{0}) v_2 = v_1$$

となるが, 例えば $(v_1, v_2) = (1, 1)$ とすると,

$$Df(\mathbf{0})(1, 1) = 1$$
$$D_{(1,1)} f(\mathbf{0}) = \frac{1}{2}$$

となり, 命題 5.5.2 より $Df(\mathbf{0})(1, 1) = D_{(1,1)} f(\mathbf{0})$ に矛盾する.

問 5.5.6 次で定義される関数 $f : \mathbb{R}^2 \to \mathbb{R}$ の $\mathbf{0}$ における方向微分可能性と微分可能性を調べよ.

$(x_1, x_2) \in \mathbb{R}^2$ に対し,

$$f(x_1, x_2) = \begin{cases} \dfrac{x_1^2 x_2^2}{x_1^2 + x_2^2} & (x_1, x_2) \neq (0, 0) \\ 0 & (x_1, x_2) = (0, 0) \end{cases}$$

5.5 補足・発展——方向微分——

例題 5.5.7 $f : \mathbb{R}^2 \to \mathbb{R}$, $g_1 : \mathbb{R} \to \mathbb{R}$, $g_2 : \mathbb{R} \to \mathbb{R}$ を微分可能とする. $\varphi : \mathbb{R} \to \mathbb{R}$, $\varphi(x) = f(g_1(x), g_2(x))$ とするとき, 次を示せ.

$$\begin{aligned}\varphi'(x) &= Df(g_1(x), g_2(x))(g_1'(x), g_2'(x)) \\ &= D_1 f(g_1(x), g_2(x))g_1'(x) + D_2 f(g_1(x), g_2(x))g_2'(x).\end{aligned}$$

解答 $g_1(x+h) - g_1(x) = k_1(h)$, $g_2(x+h) - g_2(x) = k_2(h)$ とおく.

(i) $k_1(h)^2 + k_2(h)^2 = 0$ のとき.

$$\frac{f(g_1(x+h), g_2(x+h)) - f(g_1(x), g_2(x))}{h} - Df(g_1(x), g_2(x))\left(\frac{k_1(h)}{h}, \frac{k_2(h)}{h}\right)$$
$= 0 - 0 = 0$.

(ii) $k_1(h)^2 + k_2(h)^2 \neq 0$ のとき.

$$\frac{1}{\sqrt{k_1(h)^2 + k_2(h)^2}} |f(g_1(x) + k_1(h), g_2(x) + k_2(h)) - f(g_1(x), g_2(x))$$
$$- Df(g_1(x), g_2(x))(k_1(h), k_2(h))|$$
$$= \frac{1}{\sqrt{\left(\frac{k_1(h)}{h}\right)^2 + \left(\frac{k_2(h)}{h}\right)^2}} \left| \frac{f(g_1(x+h), g_2(x+h)) - f(g_1(x), g_2(x))}{h} \right.$$
$$\left. - Df(g_1(x), g_2(x))\left(\frac{k_1(h)}{h}, \frac{k_2(h)}{h}\right) \right|.$$

h が 0 に近づくとき $k_1(h), k_2(h)$ は 0 に近づき, f は微分可能だから, 上の式の左辺の値は 0 に近づく. また, g_1, g_2 は微分可能より

$$\lim_{h \to 0} \frac{k_1(h)}{h} = g_1'(x)$$
$$\lim_{h \to 0} \frac{k_2(h)}{h} = g_2'(x).$$

したがって, (i),(ii) より,

$$\begin{aligned}\varphi'(x) &= \lim_{h \to 0} \frac{f(g_1(x+h), g_2(x+h)) - f(g_1(x), g_2(x))}{h} \\ &= \lim_{h \to 0} Df(g_1(x), g_2(x))\left(\frac{k_1(h)}{h}, \frac{k_2(h)}{h}\right) \\ &= Df(g_1(x), g_2(x))(g_2'(x), g_2'(x)).\end{aligned}$$ □

5.6 補足・発展
——多変数関数の高階微分・テイラーの定理——

4.6 節で 1 変数関数の高階微分・テイラーの定理を考えたが, ここでは多変数関数で同様のことを考えてみよう.

$f : \mathbb{R}^2 \to \mathbb{R}$ とし, $\boldsymbol{a} \in \mathbb{R}^2$ とする. まず, f が $\boldsymbol{a}$ で微分可能であるための f の偏導関数を用いた十分条件を与える.

そのために, 2 変数の関数に対しても, 高位の無限小の概念を導入しておこう.

定義 5.6.1 $f : \mathbb{R}^2 \to \mathbb{R}, g : \mathbb{R}^2 \to \mathbb{R}$ が $\lim_{\boldsymbol{h} \to \boldsymbol{0}} f(\boldsymbol{h}) = 0, \lim_{\boldsymbol{h} \to \boldsymbol{0}} g(\boldsymbol{h}) = 0, \boldsymbol{h} \neq \boldsymbol{0}$ に対し, $g(\boldsymbol{h}) \neq 0$ を満たすとする.

$$\lim_{\boldsymbol{h} \to \boldsymbol{0}} \frac{f(\boldsymbol{h})}{g(\boldsymbol{h})} = 0$$

が成立するとき f は g より**高位の無限小**であるといい, $f(\boldsymbol{h}) = o(g(\boldsymbol{h}))$ と表す. ◆◆◆

f が $\boldsymbol{a}$ で微分可能であるとは, ある定数項のない 1 次関数 L が存在して,

$$f(\boldsymbol{a} + \boldsymbol{h}) - (f(\boldsymbol{a}) + L(\boldsymbol{h})) = o(|\boldsymbol{h}|)$$

となっていることである.

$r > 0$ とする. $\boldsymbol{a}$ を中心とし, 半径 r の**開円板**を

$$B(\boldsymbol{a}, r) = \{\boldsymbol{x} \in \mathbb{R}^2 | \; |\boldsymbol{x} - \boldsymbol{a}| < r\}$$

とする.

定理 5.6.2 $f : \mathbb{R}^2 \to \mathbb{R}, \boldsymbol{a} = (a_1, a_2) \in \mathbb{R}^2$ とする. f は $\boldsymbol{a}$ で偏微分可能とする. $r > 0$ が存在して, f は, $B(\boldsymbol{a}, r)$ で, 第 1 成分に関し偏微分可能で偏導関数 $D_1 f$ が連続であるか, または, 第 2 成分に関し偏微分可能で偏導関数 $D_2 f$ が連続であるとする. このとき, f は $\boldsymbol{a}$ で微分可能である.

[証明] f は, $B(\boldsymbol{a}, r)$ で, 第 1 成分に関し偏微分可能で偏導関数 $D_1 f$ が連続であるとすると, $\boldsymbol{h} = (h_1, h_2) \in B(\boldsymbol{0}, r)$ に対して, $0 < \theta < 1$ と $g(h_2) = o(h_2)$ が存在して,

5.6 補足・発展 ——多変数関数の高階微分・テイラーの定理——

$$f(a_1 + h_1, a_2 + h_2) - (f(a_1, a_2) + D_1 f(a_1, a_2)h_1 + D_2 f(a_1, a_2)h_2)$$
$$= f(a_1 + h_1, a_2 + h_2) - (f(a_1, a_2 + h_2) + D_1 f(a_1, a_2)h_1)$$
$$\quad + f(a_1, a_2 + h_2) - (f(a_1, a_2) + D_2 f(a_1, a_2)h_2)$$
$$= (D_1 f(a_1 + \theta h_1, a_1 + h_2) - D_1 f(a_1, a_2))h_1 + g(h_2)$$
$$= o(|\boldsymbol{h}|) + o(|\boldsymbol{h}|) = o(|\boldsymbol{h}|).$$

したがって，$Df(a_1, a_2)(h_1, h_2) = D_1 f(a_1, a_2)h_1 + D_2 f(a_1, a_2)h_2$ であり，f は $\boldsymbol{a}$ で微分可能である． □

関数 $f : \mathbb{R}^2 \to \mathbb{R}$ が偏微分可能で，偏導関数 $D_1 f, D_2 f$ が偏微分可能であれば，$D_1 f, D_2 f$ をさらに偏微分することにより，関数

$$D_1 D_1 f = D_1(D_1 f), \ D_2 D_1 f, \ D_1 D_2 f, \ D_2 D_2 f$$

が得られる．これらの関数が偏微分可能であれば，さらに偏微分することにより，8 個の関数が得られる．

定義 5.6.3 一般に，$k \in \mathbb{N}$ に対して，k 回引き続き偏微分可能であるとき，2^k 個の関数が得られるが，これらを f の **k 階偏導関数**という．

f が k 回偏微分可能であり，k 階偏導関数が全て連続であるとき，f は **C^k-級関数**と呼ばれる．また，何回でも偏微分可能な関数を **C^∞-級関数**という． ◆◆◆

定理 5.6.2 より，C^1-級ならば，微分可能である．

次の定理により，f が C^k-級ならば，k 階偏導関数は実は $k+1$ 個であることがわかる．

定理 5.6.4 $f : \mathbb{R}^2 \to \mathbb{R}, \boldsymbol{a} \in \mathbb{R}^2$ とする．f が C^2-級ならば，
$$D_2 D_1 f = D_1 D_2 f$$
である．

証明 $f : \mathbb{R}^2 \to \mathbb{R}, \boldsymbol{a} = (a_1, a_2) \in \mathbb{R}^2$ とする．$\boldsymbol{h} = (h_1, h_2) \in \mathbb{R}^2$ に対し，
$$F(\boldsymbol{h}) = F(h_1, h_2)$$
$$:= f(a_1 + h_1, a_2 + h_2) - f(a_1 + h_1, a_2) - f(a_1, a_2 + h_2) + f(a_1, a_2)$$
とする．

定理 5.6.2 より，f が C^2-級ならば，$D_1 f, D_2 f$ は微分可能だから，次の補題が示されれば $D_2 D_1 f = D_1 D_2 f$ が示される． □

> **補題 5.6.5** (1) ある $r > 0$ が存在して，$B(\boldsymbol{a}, r)$ で f は第 1 成分に関し偏微分可能で，$D_1 f : B(\boldsymbol{a}, r) \to \mathbb{R}$ は $\boldsymbol{a}$ で微分可能であるとする．このとき，
> $$D_2 D_1 f(\boldsymbol{a}) = \lim_{t \to 0} \frac{F(t, t)}{t^2}.$$
> (2) ある $r > 0$ が存在して，$B(\boldsymbol{a}, r)$ で f は第 2 成分に関し偏微分可能で，$D_2 f : B(\boldsymbol{a}, r) \to \mathbb{R}$ は $\boldsymbol{a}$ で微分可能であるとする．このとき，
> $$D_1 D_2 f(\boldsymbol{a}) = \lim_{t \to 0} \frac{F(t, t)}{t^2}.$$

[証明] (1) $G : \mathbb{R} \to \mathbb{R}, G(h_1) = f(a_1 + h_1, a_2 + h_2) - f(a_1 + h_1, a_2)$ とすると，
$$F(h_1, h_2) = G(h_1) - G(0)$$
$$DG(h_1) = D_1 f(a_1 + h_1, a_2 + h_2) - D_1 f(a_1 + h_1, a_2)$$
である．

平均値の定理より，$0 < \theta = \theta(h_1, h_2) < 1$ が存在して，
$$G(h_1) - G(0) = DG(\theta h_1) h_1$$
となる．

$H : B(\boldsymbol{0}, r) \to \mathbb{R}, H(h_1, h_2) = DG(h_1)$ とおくと，$D_1 f$ は $\boldsymbol{a}$ で微分可能なので，H は $\boldsymbol{0}$ で微分可能で，
$$H(h_1, h_2) = H(0, 0) + D_1 H(0, 0) h_1 + D_2 H(0, 0) h_2 + o(|\boldsymbol{h}|)$$
である．
$$H(0, 0) = 0, \quad D_1 H(0, 0) = 0, \quad D_2 H(0, 0) = D_2 D_1 f(a_1, a_2)$$
であるから，$h_1 = h_2 = t$ とすると
$$\frac{F(t, t)}{t^2} - D_2 D_1 f(a_1, a_2) = o(\sqrt{1 + \theta^2}) = o(1).$$

(2) (1) と同様である．詳しくは読者への問とする． □

5.6 補足・発展 ——多変数関数の高階微分・テイラーの定理——

定理 5.6.4 より，f が C^k-級のとき，$t_1, t_2, ..., t_k \in \{1, 2\}$ に対し，1 の個数が i 個であるとき，$D_{t_k} \cdots D_{t_2} D_{t_1} f$ を $D^{(i, k-i)} f$ と表すことにする．また，$h_1, h_2 \in \mathbb{R}$ に対し，

$$(h_1 D_1 + h_2 D_2)^0 f = f$$
$$(h_1 D_1 + h_2 D_2)^k f := \sum_{i=0}^{k} \binom{k}{i} h_1^i h_2^{k-i} D^{(i, k-i)} f$$

と定義する．ここで，$\binom{k}{i} = \dfrac{k!}{i!(k-i)!}$ は 2 項係数である．

定理 5.6.6（多変数のテイラーの定理）　$f: \mathbb{R}^2 \to \mathbb{R}$ を C^∞-級の関数とし，$\boldsymbol{a} = (a_1, a_2) \in \mathbb{R}^2$ とする．$\boldsymbol{h} = (h_1, h_2) \in \mathbb{R}^2$ に対し，$0 < \theta < 1$ が存在して，

$$\begin{aligned}
&f(a_1 + h_1, a_2 + h_2) \\
&= \sum_{k=0}^{n} \frac{1}{k!} (h_1 D_1 + h_2 D_2)^k f(a_1, a_2) \\
&\quad + \frac{1}{(n+1)!} (h_1 D_1 + h_2 D_2)^{(n+1)} f(a_1 + \theta h_1, a_2 + \theta h_2)
\end{aligned}$$

証明　$g: \mathbb{R} \to \mathbb{R}, g(t) = f(a_1 + th_1, a_2 + th_2)$ とする．
g に 0 において 1 変数のテイラーの定理を適用すると，$0 < \theta < 1$ が存在して，

$$f(a_1 + h_1, a_2 + h_2) = g(1) = \sum_{k=0}^{n} \frac{D^k g(0)}{k!} + \frac{D^{n+1} g(\theta)}{(n+1)!}$$

となる．

$$D^k g(t) = (h_1 D_1 + h_2 D_2)^k f(a_1 + th_1, a_2 + th_2)$$

であることが，例題 5.5.7 と定理 5.6.4 と $\binom{k+1}{i} = \binom{k}{i-1} + \binom{k}{i}$ を用いて帰納的に示される（練習問題 5.5）．　□

テイラーの定理（定理 5.6.6）を 2 変数関数の極値の問題に応用してみよう．

定義 5.6.7 $f : \mathbb{R}^2 \to \mathbb{R}$ とし，$\boldsymbol{a} \in \mathbb{R}^2$ とする．
(1) ある $r > 0$ が存在して，任意の $\boldsymbol{x} \in B(\boldsymbol{a}, r)$ に対して，$f(\boldsymbol{x}) \leq f(\boldsymbol{a})$ が成立するとき，f は $\boldsymbol{a}$ で**極大値** $f(\boldsymbol{a})$ をとるという．また，同様に $f(\boldsymbol{x}) \geq f(\boldsymbol{a})$ のときは，**極小値**をとるという．
(2) ある $r > 0$ が存在して，任意の $\boldsymbol{x} \in B(\boldsymbol{a}, r) - \{\boldsymbol{0}\}$ に対して，$f(\boldsymbol{x}) < f(\boldsymbol{a})$ が成立するとき，f は $\boldsymbol{a}$ で**狭義の極大値** $f(\boldsymbol{a})$ をとるという．また，同様に $f(\boldsymbol{x}) > f(\boldsymbol{a})$ のときは，**狭義の極小値**をとるという． ◆◆◆

まず，1 変数のときと同様に次が成立する．

定理 5.6.8 f が $\boldsymbol{a}$ で微分可能であり，$\boldsymbol{a}$ で極値 $f(\boldsymbol{a})$ をとるならば，任意の $\boldsymbol{h} \in \mathbb{R}^2$ に対して，
$$Df(\boldsymbol{a})(\boldsymbol{h}) = 0$$
である．

証明 ある $\boldsymbol{h} \in \mathbb{R}^2$ が存在して，$Df(\boldsymbol{a})(\boldsymbol{h}) \neq 0$ とすると $D_1 f(\boldsymbol{a}) \neq 0$ または $D_2 f(\boldsymbol{a}) \neq 0$ である．すると，定理 4.4.4 の証明と同様にして，f は $\boldsymbol{a}$ で極値をとれない． □

以後この節の終りまで f は C^∞-級であるとする．f が $\boldsymbol{a}$ で極値 $f(\boldsymbol{a})$ をとるための十分条件を与えよう．

そのために，まず，$A, B, C \in \mathbb{R}$ とし，2 次の同次多項式関数
$$Q(h_1, h_2) = A h_1^2 + 2 B h_1 h_2 + C h_2^2$$
を考える．

定義 5.6.9 任意の $(h_1, h_2) \neq (0, 0)$ に対して，$Q(h_1, h_2) > 0$ であるとき，Q は**正定値**であるという．$Q(h_1, h_2) < 0$ であるときは**負定値**であるという．

補題 5.6.10 次の $(1), (2), (3)$ は同値である.
(1) Q は正定値である.
(2) ある $m > 0$ が存在して,任意の $(h_1, h_2) \neq (0, 0)$ に対して,
$$\frac{Q(h_1, h_2)}{h_1^2 + h_2^2} \geq m.$$
(3) $A > 0, AC - B^2 > 0$ [注]

次の $(1)', (2)', (3)'$ は同値である.
$(1)'$ Q は負定値である.
$(2)'$ ある $m > 0$ が存在して,任意の $(h_1, h_2) \neq (0, 0)$ に対して,
$$\frac{Q(h_1, h_2)}{h_1^2 + h_2^2} \leq -m.$$
$(3)'$ $A < 0, AC - B^2 > 0$

問 5.6.11 補題 5.6.10 を証明せよ.

定義 5.6.12 $Df(\boldsymbol{a}) = 0$ とする.行列
$$H(\boldsymbol{a}) := \begin{pmatrix} D_1 D_1 f(\boldsymbol{a}) & D_1 D_2 f(\boldsymbol{a}) \\ D_2 D_1 f(\boldsymbol{a}) & D_2 D_2 f(\boldsymbol{a}) \end{pmatrix}$$
を $\boldsymbol{a}$ における f のヘシアン行列という.　◆◆◆

定理 5.6.13 $Df(\boldsymbol{a}) = 0$ とし,$H(\boldsymbol{a}) = \begin{pmatrix} A & B \\ B & C \end{pmatrix}$ とする.
次の $(1), (2), (3)$ が成立する.
(1) $A > 0, AC - B^2 > 0$ ならば,f は $\boldsymbol{a}$ で狭義の極小値 $f(\boldsymbol{a})$ をとる.
(2) $A < 0, AC - B^2 > 0$ ならば,f は $\boldsymbol{a}$ で狭義の極大値 $f(\boldsymbol{a})$ をとる.
(3) $AC - B^2 < 0$ ならば,f は $\boldsymbol{a}$ で極値をとらない.

[注 この条件は,次の条件と同じ.
$$C > 0, \quad AC - B^2 > 0.$$

証明 (1) 定理 5.6.6 より
$$f(a_1+h_1, a_1+h_2) = f(a_1,a_2) + \frac{1}{2}(Ah_1^2 + 2Bh_1h_2 + Ch_2^2) + o(h_1^2+h_2^2)$$
となる．補題 5.6.10 より，ある $r>0$ が存在して，$(h_1,h_2) \in B(\boldsymbol{a},r)-\{\boldsymbol{0}\}$ ならば，$f(a_1+h_1, a_1+h_2) > f(a_1,a_2)$ となる．

(2) (1) と同様である．

(3) $Ah_1^2 + 2Bh_1h_2 + Ch_2^2 > 0$ となる (h_1,h_2) と，$Ak_1^2 + 2Bk_1k_2 + Ck_2^2 < 0$ となる (k_1,k_2) がある．任意の $t \neq 0$ に対して，
$$\frac{A(th_1)^2 + 2B(th_1)(th_2) + C(th_2)^2}{(th_1)^2 + (th_2)^2} = \frac{Ah_1^2 + 2Bh_1h_2 + Ch_2^2}{h_1^2 + h_2^2}$$
は同じ正の値をとる．したがって，ある $r>0$ が存在して，$0 < |t| < r$ ならば，$f(a_1+th_1, a_2+th_2) > f(a_1,a_2)$ である．

同様に，t が十分 0 に近ければ，$f(a_1+tk_1, a_2+tk_2) < f(a_1,a_2)$ となる． □

定理 5.6.13(3) ような点は**鞍点**と呼ばれる．

例題 5.6.14

$$f: \mathbb{R}^2 \to \mathbb{R}, \ f(x_1,x_2) = x_1^3 + x_2^3 - 3(x_1+x_2)$$

の極値を求めよ．

解答
$$D_1 f(x_1,x_2) = 3x_1^2 - 3 = 0, \quad D_2 f(x_1,x_2) = 3x_2^2 - 3 = 0$$
を解いて 4 点 $(1,1),(1,-1),(-1,1),(-1,-1)$ が極値をとる点の候補である．
$$H(x_1,x_2) = \begin{pmatrix} 9x_1 & 0 \\ 0 & 9x_2 \end{pmatrix}$$
であるから，f は，点 $(1,1)$ で狭義の極小値 -4 をとり，点 $(-1,-1)$ で狭義の極大値 4 をとる．2 点 $(1,-1),(-1,1)$ は鞍点である． □

問 5.6.15

$$f: \mathbb{R}^2 \to \mathbb{R}, \ f(x_1,x_2) = x_1^4 + x_2^4 - 2(x_1^2 + x_2^2)$$

の極値を求めよ．

練習問題

5.1 2変数関数 $f:\mathbb{R}^2 \to \mathbb{R}$, $f(x_1, x_2) = x_1^3 + x_1^2 x_2$ に対し, f の値の $(1,2)$ における変化量と f の $(1,2)$ における微分との誤差,
$$|f(1+h_1, 2+h_2) - f(1,2) - Df(1,2)(h_1, h_2)|$$
を求めよ.

5.2
$$f:\mathbb{R}^2 \to \mathbb{R}, \ f(x_1, x_2) = x_1^2 + x_2^2,$$
$$g_1:\mathbb{R} \to \mathbb{R}, \ g_1(t) = t+1, \quad g_2:\mathbb{R} \to \mathbb{R}, \ g_2(t) = 2t+1$$
$$h:\mathbb{R} \to \mathbb{R}, \ h(t) = f(g_1(t), g_2(t))$$

とするとき, $h(t)$ の最小値を求めよ.

5.3
$$f:\mathbb{R}^2 \to \mathbb{R}, \ f(x_1, x_2) = 2x_1 + 3x_2,$$
$$g_1:\mathbb{R} \to \mathbb{R}, \ g_1(t) = \frac{2t}{1+t^2}, \quad g_2:\mathbb{R} \to \mathbb{R}, \ g_2(t) = \frac{1-t^2}{1+t^2}$$
$$h:\mathbb{R} \to \mathbb{R}, \ h(t) = f(g_1(t), g_2(t))$$

とするとき, $h(t)$ の最大値と最小値を求めよ.

5.4 $f:\mathbb{R}^2 \to \mathbb{R}$,
$$f(x_1, x_2) = (x_1^2 + x_2^2 - 1)(x_1^2 + x_2^2 - 2)$$
の極値を求めよ.

5.5 定理 5.6.6 の証明における次の等式
$$D^k g(t) = (h_1 D_1 + h_2 D_2)^k f(a_1 + th_1, a_2 + th_2)$$
を示せ.

第6章

積　　分

　　積分には定積分と不定積分がある．本来，定積分は不定積分とは全く関係なく定義される．標語的にいうと，定積分は「面積」で定義され，不定積分は「微分の逆操作」で定義される．ここでは，定積分の定義から始め，定積分の重要な性質をいくつか紹介する．連続関数の定積分は不定積分を用いて求められる．このことは，ここで説明する積分の重要な性質の1つである．

6.1 定 積 分

　連続関数しか扱わない高校の教科書では，「微分の逆操作」である不定積分を介して定積分を定義し，定積分の応用として，平面上の曲線で囲まれる部分の面積を求めているものが大部分である．しかし定積分の考え方は，1つには平面上の曲線で囲まれた部分の面積を求めたいということから発している．

　例えば，関数 $f(x) = x^2$ のグラフと直線 $x = a$, $x = b$ $(0 < a < b)$, x 軸とで囲まれる部分の面積を求めることを考えよう（図 6.1）．

　関数 $f(x)$ のグラフの部分は直線ではないので，正確な面積を求めるのは難しい．そこで，正確な面積を求めることはあきらめて，だいたいの面積を，いくつかの短冊（長方形）に分けて求めることにする．直観的に，この短冊の面積の和は，短冊の幅を小さくしていくことにより求める面積に近づく．この考えをもとにして一般化したものが定積分であり，以下の定義からわかるように，$f(x)$ が負の場合にも定義できる．

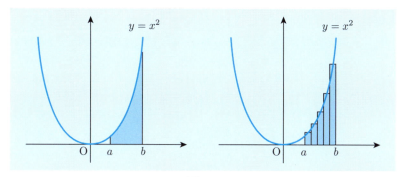

図 **6.1**

　まず，いくつかの短冊に分けるために，x 軸上の区間 $[a, b]$ をいくつかの区間に分けることを考える．

定義 6.1.1　閉区間 $[a, b]$ に対し
$$a = x_0 < x_1 < \cdots < x_{n-1} < x_n = b$$
を満たす点 $x_0, x_1, ..., x_{n-1}, x_n$ を $[a, b]$ の $[x_0, x_1], [x_1, x_2], ..., [x_{n-1}, x_n]$ への**分割**といい
$$\Delta : a = x_0 < x_1 < \cdots < x_{n-1} < x_n = b$$
または，単に Δ で表す．各区間 $[x_{k-1}, x_k]$ $(k = 1, 2, ..., n)$ の幅 $x_k - x_{k-1}$ の最大値を**分割の幅**といい $|\Delta|$ で表す． ◆◆◆

　各小区間 $[x_{k-1}, x_k]$ の幅は一定とは限らない．しかし，例 6.1.3 のように各小区間 $[x_{k-1}, x_k]$ の幅を一定，つまり，閉区間 $[a, b]$ を n 等分することがしばしばある．

例 6.1.2　閉区間 $[0, 1]$ に対し
$$\Delta : 0 < \frac{1}{6} < \frac{1}{5} < \frac{2}{5} < \frac{1}{2} < \frac{2}{3} < 1$$
は $[0, 1]$ の
$$\left[0, \frac{1}{6}\right], \left[\frac{1}{6}, \frac{1}{5}\right], \left[\frac{1}{5}, \frac{2}{5}\right], \left[\frac{2}{5}, \frac{1}{2}\right], \left[\frac{1}{2}, \frac{2}{3}\right], \left[\frac{2}{3}, 1\right]$$
への分割であり，分割の幅は $|\Delta| = \dfrac{1}{3}$ である． ◆◆◆

例 6.1.3 閉区間 $[a,b]$ に対し
$$\Delta_n : a = x_0 < x_1 < \cdots < x_{n-1} < x_n = b \quad \left(x_k = a + \left(\frac{b-a}{n}\right)k\right)$$
は $[a,b]$ を n 等分した分割であり，分割の幅は $|\Delta_n| = \dfrac{b-a}{n}$ である．分割の幅 $|\Delta_n|$ は $n \to \infty$ のとき，$|\Delta_n| \to 0$ になる． ◆◆◆

各短冊の底辺は分割により決まるので，次に各小区間 $[x_{k-1}, x_k]$ から 1 点 c_k を選び高さを $f(c_k)$ とすると，面積 $f(c_k)(x_k - x_{k-1})$ の短冊が得られ，その和は $\sum_{k=1}^{n} f(c_k)(x_k - x_{k-1})$ となる[注1]．分割の幅を小さくしたとき，この和の極限を定積分と呼ぶ．以下で正確な定義を述べる．

定義 6.1.4 有界な関数 $f : \mathbb{R} \to \mathbb{R}$ [注2] と閉区間 $[a,b]$ の分割
$$\Delta : a = x_0 < x_1 < \cdots < x_{n-1} < x_n = b$$
に対し，各小区間 $[x_{k-1}, x_k]$ における $f(x)$ の上限，下限をそれぞれ M_k, m_k とする[注3]．つまり，
$$M_k = \sup \{f(x) \mid x_{k-1} \leq x \leq x_k\}$$
$$m_k = \inf \{f(x) \mid x_{k-1} \leq x \leq x_k\}$$
とする．そこで，有界な関数 $f : \mathbb{R} \to \mathbb{R}$ に対して，次の 2 つの和を考える[注4]．
$$S_\Delta = \sum_{k=1}^{n} M_k (x_k - x_{k-1})$$
$$s_\Delta = \sum_{k=1}^{n} m_k (x_k - x_{k-1})$$
ここで，
$$\inf \{f(x) \mid a \leq x \leq b\}(b-a) \leq s_\Delta \leq S_\Delta \leq \sup \{f(x) \mid a \leq x \leq b\}(b-a)$$
が成立するので，全ての分割 Δ に関する S_Δ, s_Δ の集合

[注1] ここで，$f(c_k)$ が必ずしも正の数とは限らないので，「高さ」や「面積」という言葉は一般にはあてはまらない．
[注2] つまり，f の像が有界．定積分を考える際は，f は常に有界であるものとする．
[注3] 上限 (sup)，下限 (inf) については 2.1 節参照のこと．
[注4] S_Δ, s_Δ はそれぞれ f と Δ によって定まるので，$S_{f\Delta}, s_{f\Delta}$ と表す方が適切であるが，簡単のため，S_Δ, s_Δ で表すことにする．

6.1 定積分

$$S_f(a,b) = \{S_\Delta \mid \Delta \text{は} [a,b] \text{の分割}\}$$
$$s_f(a,b) = \{s_\Delta \mid \Delta \text{は} [a,b] \text{の分割}\}$$

はそれぞれ下限，上限をもつ^(注)。

f が $[a,b]$ で**積分可能**であるとは，

$$\inf S_f(a,b) = \sup s_f(a,b)$$

となるときをいう．また，この値を f の $[a,b]$ での**定積分**といい

$$\int_a^b f(x)dx$$

と書く．このとき，$[a,b]$ を**積分区間**という．　◆◆◆

注意 定積分の記号 $\int_a^b f(x)dx$ において，x を他の記号で書いても同じものである．例えば，
$$\int_a^b f(x)dx = \int_a^b f(s)ds = \int_a^b f(t)dt$$
である．

では，定積分の定義に従って，積分可能性を検証し，定積分の値を求めてみよう．

例 6.1.5 定値関数 $f:\mathbb{R} \to \mathbb{R}$, $f(x) = 1$ に対し，閉区間 $[a,b]$ の分割 Δ を
$$\Delta : a = x_0 < x_1 < \cdots < x_{n-1} < x_n = b$$
とすると，各 k に対し，$M_k = m_k = 1$ であるので
$$\begin{aligned} S_\Delta = s_\Delta &= \sum_{k=1}^n f(c_k)(x_k - x_{k-1}) \\ &= \sum_{k=1}^n (x_k - x_{k-1}) \\ &= x_n - x_0 = b - a. \end{aligned}$$
$S_\Delta = s_\Delta$ は Δ に関係なく一定の値 $b - a$ をとるので，次を得る．
$$\int_a^b f(x)dx = b - a. \qquad \text{◆◆◆}$$

---

^(注) 2 章 2.1 節を参照せよ．

問 6.1.6 次の定積分を求めよ．ただし，α は定数とする．
$$\int_a^b \alpha\, dx.$$

次の命題は，分割は n 等分で考えれば十分であることを保証する．

命題 6.1.7 上の積分の定義において，n 等分の分割
$$\Delta_n : a = x_0 < x_1 < \cdots < x_{n-1} < x_n = b \quad \left(x_k = a + \left(\frac{b-a}{n}\right)k\right)$$
に対し，
$$\lim_{n \to \infty} S_{\Delta_n} = \lim_{n \to \infty} s_{\Delta_n}$$
となることと，f が $[a,b]$ で積分可能であることは同値である（定理 6.5.1 参照）．また，
$$\int_a^b f(x)dx = \lim_{n \to \infty} S_{\Delta_n} = \lim_{n \to \infty} s_{\Delta_n}$$
が成立する．

例 6.1.8 1 次関数 $f : \mathbb{R} \to \mathbb{R}$, $f(x) = x + 1$ に対し，閉区間 $[a, b]$ での n 等分の分割を
$$\Delta_n : a = x_0 < x_1 < \cdots < x_{n-1} < x_n = b \quad \left(x_k = a + \left(\frac{b-a}{n}\right)k\right)$$
とする．
$$M_k = x_k + 1, \quad m_k = x_{k-1} + 1, \quad x_k - x_{k-1} = \frac{b-a}{n}$$
より
$$\begin{aligned}
S_{\Delta_n} &= \sum_{k=1}^n M_k(x_k - x_{k-1}) \\
&= \sum_{k=1}^n \left(\left(a + \left(\frac{b-a}{n}\right)k\right) + 1\right)\left(\frac{b-a}{n}\right) \\
&= \frac{1}{2}(b^2 - a^2) + (b - a) + \frac{(b-a)^2}{2n} \\
s_{\Delta_n} &= \sum_{k=1}^n m_k(x_k - x_{k-1})
\end{aligned}$$

$$= \sum_{k=1}^{n} \left(\left(a + \left(\frac{b-a}{n} \right)(k-1) \right) + 1 \right) \left(\frac{b-a}{n} \right)$$
$$= \frac{1}{2}(b^2 - a^2) + (b-a) - \frac{(b-a)^2}{2n}$$

を得る．したがって，次を得る．

$$\int_a^b f(x)dx = \lim_{n \to \infty} S_{\Delta_n} = \lim_{n \to \infty} s_{\Delta_n}$$
$$= \frac{1}{2}(b^2 - a^2) + (b-a).$$

◆◆◆

問 6.1.9 次の定積分を求めよ．ただし，α, β は定数とする．

(1) $\displaystyle\int_a^b \alpha x \, dx$ (2) $\displaystyle\int_a^b (\alpha x + \beta) dx$

6.2 積 分 可 能 性

関数や積分区間によって積分可能なときや，積分可能でないときがある．ここでは，積分可能性について考えよう．

前節の例で示したように，恒等関数や 1 次関数は積分可能である．これらの関数が連続関数であることは 3 章で述べたが，実は連続関数は積分可能である．つまり，次の定理が成り立つ．証明は 6.5 節で述べる．

定理 6.2.1 関数 $f : \mathbb{R} \to \mathbb{R}$ が閉区間 $[a,b]$ で連続ならば，f は $[a,b]$ で積分可能である．

では，この定理を用いて，連続関数の定積分の値を求めてみよう．この場合は，積分可能であることがわかっているので，前節の例 6.1.5，例 6.1.8 の場合のように積分可能性を議論する必要はなく，定積分の計算もやや簡単に求められる．つまり，次の命題が成立する．証明は練習問題 6.3 とする．

命題 6.2.2 関数 f が閉区間 $[a,b]$ で積分可能ならば，$[a,b]$ の n 等分の分割 Δ_n
$$\Delta_n : a = x_0 < x_1 < \cdots < x_n = b$$
に対し，次が成立する．
$$\int_a^b f(x)dx = \lim_{n\to\infty} \sum_{k=1}^n f(x_k)(x_k - x_{k-1}) \left(= (b-a) \lim_{n\to\infty} \frac{1}{n} \sum_{k=1}^n f(x_k) \right).$$

例 6.2.3 $f : \mathbb{R} \to \mathbb{R}, f(x) = x^2$ とする．f は閉区間 $[0,1]$ で連続であるから，定理 6.2.1 より f は $[0,1]$ で積分可能である．

そこで，$[0,1]$ の n 等分の分割
$$\Delta_n : 0 < \frac{1}{n} < \frac{2}{n} < \cdots < \frac{n-1}{n} < 1$$
をとると，
$$\begin{aligned}
\sum_{k=1}^n f(x_k)(x_k - x_{k-1}) &= \sum_{k=1}^n \frac{1}{n} f\left(\frac{k}{n}\right) \\
&= \sum_{k=1}^n \frac{1}{n} \left(\frac{k}{n}\right)^2 = \frac{1}{n^3} \sum_{k=1}^n k^2 \\
&= \frac{n(n+1)(2n+1)}{6n^3} = \frac{\left(1 + \frac{1}{n}\right)\left(2 + \frac{1}{n}\right)}{6}.
\end{aligned}$$
n を大きくしていくと，$\frac{1}{n}$ は 0 に近づく．したがって命題 6.2.2 より次を得る．
$$\int_0^1 f(x)dx = \int_0^1 x^2 dx = \frac{1}{3}.$$
◆◆◆

問 6.2.4 次の定積分を求めよ．

(1) $\int_0^1 (x^2 + x + 1)dx$ (2) $\int_0^1 (2x^2 + 3x)dx$ (3) $\int_1^2 x^2 dx$

定理 6.2.1 の逆は成立しない．つまり，積分可能であるが連続でない関数は存在する．

例 6.2.5 関数

$$f : \mathbb{R} \to \mathbb{R}, \ f(x) = \begin{cases} 1 & (x \neq 1) \\ 0 & (x = 1) \end{cases}$$

は $x = 1$ で連続ではないが，閉区間 $[0, 2]$ で積分可能である．

閉区間 $[0, 2]$ の n 等分の分割を

$$\Delta_n : 0 = x_0 < x_1 < \cdots < x_{n-1} < x_n = 2$$

とする．ここで $x_{m-1} < 1 \leq x_m$ とすると，

$$S_{\Delta_n} = \sum_{k=1}^{n} 1 \cdot (x_k - x_{k-1}) = 2$$

$$\begin{aligned}
s_{\Delta_n} &= \sum_{k=1}^{m-1} 1 \cdot (x_k - x_{k-1}) + 0 \cdot (x_m - x_{m-1}) \\
&\quad + \varepsilon (x_{m+1} - x_m) + \sum_{k=m+2}^{n} f(c_k)(x_k - x_{k-1}) \\
&= (x_{m-1} - x_0) + \varepsilon (x_{m+1} - x_m) + (x_n - x_{m+1}) \\
&= (x_{m-1} - 0) + \varepsilon (x_{m+1} - x_m) + (2 - x_{m+1}) \\
&= 2 + (x_{m-1} - x_{m+1}) + \varepsilon (x_{m+1} - x_m) \\
&= 2 - \frac{4}{n} + \frac{2\varepsilon}{n} \quad (\varepsilon = 0, 1)
\end{aligned}$$

なので，

$$\lim_{n \to \infty} S_{\Delta_n} = \lim_{n \to \infty} s_{\Delta_n} = 2.$$

したがって，

$$\int_0^2 f(x) dx = 2.$$

◆◆◆

問 6.2.6 次の関数 $f : \mathbb{R} \to \mathbb{R}$ に対し，閉区間 $[0, 2]$, $[a, b]$ での定積分をそれぞれ求めよ．

(1) $f(x) = \begin{cases} 2 & (x \neq 1) \\ 1 & (x = 1) \end{cases}$

(2) $f(x) = \begin{cases} 1 & (x \leq 1) \\ 0 & (x > 1) \end{cases}$

一般に，有界な関数に関して，

　　積分区間内の有限個の点を除いて連続であるならば積分可能である

ことが知られている．一方，次のような関数は積分可能ではない．

例 6.2.7　関数
$$f : \mathbb{R} \to \mathbb{R}, \quad f(x) = \begin{cases} 1 & (x \in \mathbb{Q}) \\ 0 & (x \in \mathbb{R} - \mathbb{Q}) \end{cases}$$
は閉区間 $[a, b]$ で積分不可能である．

閉区間 $[a, b]$ の分割
$$\Delta : a = x_0 < x_1 < \cdots < x_{n-1} < x_n = b$$
に対し，
$$S_\Delta = \sum_{k=1}^{n} 1 \cdot (x_k - x_{k-1}) = b - a$$
$$s_\Delta = \sum_{k=1}^{n} 0 \cdot (x_k - x_{k-1}) = 0$$
を得る．したがって
$$\inf S_f(a, b) = b - a \neq 0 = \sup s_f(a, b)$$
となり，積分可能でないことがわかる． ◆◆◆

定義 6.2.8　定積分は $a < b$ に対して定義したが，便宜上，
$$\int_a^a f(x)dx = 0, \quad \int_b^a f(x)dx = -\int_a^b f(x)dx$$
と定めることにする． ◆◆◆

次の定理が成立する．証明は 6.5 節と練習問題 6.4 に残す．

定理 6.2.9　(1)　閉区間 $[a, b]$ で積分可能な関数 f は，閉区間 $[a_1, b_1] (\subset [a, b])$ で積分可能である．

(2)　閉区間 $[a, b]$ で積分可能な関数 f, g と任意の実数 α に対し，$|f|, \alpha f, f+g, fg$ は $[a, b]$ で積分可能である．ここで，$|f|$ は $|f|(x) = |f(x)|$ で定義された関数とする．

6.3 定積分の性質

ここでは，積分可能な関数の性質に関して考察する．

定理 6.3.1 (1)（**積分区間の加法性**）実数 a, b, c を含む区間で積分可能な関数 f に対し，以下が成立する．
$$\int_a^b f(x)dx = \int_a^c f(x)dx + \int_c^b f(x)dx.$$
(2)（**定積分の線形性**）閉区間 $[a, b]$ で積分可能な関数 f, g と任意の実数 α, β に対し，以下が成立する．
$$\int_a^b (\alpha f(x) + \beta g(x))dx = \alpha \int_a^b f(x)dx + \beta \int_a^b g(x)dx.$$
(3)（**定積分の単調性**）閉区間 $[a, b]$ で積分可能な関数 f, g が $f(x) \geq g(x)$ $(a \leq x \leq b)$ を満たすとき，以下が成立する．
$$\int_a^b f(x)dx \geq \int_a^b g(x)dx.$$
特に，実数 m, M が存在し，$m \leq f(x) \leq M$ $(a \leq x \leq b)$ のとき，以下が成立する．
$$(b-a)m \leq \int_a^b f(x)dx \leq (b-a)M.$$
(4)（**平均値の定理**）閉区間 $[a, b]$ で連続な関数 f に対し，ある実数 $a \leq c \leq b$ が存在し，以下を満たす．
$$\int_a^b f(x)dx = f(c)(b-a).$$

証明 (1) $a < c < b$ の場合を考えれば十分．f が積分可能であることから，次を得る．
$$\begin{aligned}
\int_a^b f(x)dx &= \inf S_f(a, b) \\
&\leq \inf S_f(a, c) + \inf S_f(c, b) \\
&= \int_a^c f(x)dx + \int_c^b f(x)dx \\
&= \sup s_f(a, c) + \sup s_f(c, b) \\
&\leq \sup s_f(a, b) = \int_a^b f(x)dx.
\end{aligned}$$

(2) 閉区間 $[a,b]$ の n 等分の分割を
$$\Delta_n : a = x_0 < x_1 < \cdots < x_n = b$$
とする．$f, g, \alpha f + \beta g$ の積分可能性と命題 6.2.2 から次を得る．

$$\int_a^b (\alpha f(x) + \beta g(x)) dx$$
$$= \lim_{n \to \infty} \sum_{k=1}^n (\alpha f(x_k) + \beta g(x_k))(x_k - x_{k-1})$$
$$= \alpha \lim_{n \to \infty} \sum_{k=1}^n f(x_k)(x_k - x_{k-1}) + \beta \lim_{n \to \infty} \sum_{k=1}^n g(x_k)(x_k - x_{k-1})$$
$$= \alpha \int_a^b f(x) dx + \beta \int_a^b g(x) dx.$$

(3) は定積分の定義から，(4) は最大値・最小値の原理（定理 3.3.8），中間値の定理（定理 3.3.7）と (3) から容易に示せる． □

問 6.3.2 上の定理 6.3.1 の (3) を証明せよ．

問 6.3.3 上の定理 6.3.1 の (4) を (3) を用いて証明せよ．

定義 6.3.4 閉区間 $[a,b]$ で積分可能な関数を f とする．$c \in [a,b]$ を固定し，実数 $x \in [a,b]$ に対し，定積分
$$\int_c^x f(t) dt$$
を考える．この定積分は x を動かした場合，変数を x とする関数と思える．これを f の**積分関数**という． ◆◆◆

注意 実数 $c' \in [a,b]$ に対し，$\int_{c'}^x f(t) dt$ も f の積分関数である．つまり，積分関数は積分区間の下端に依存する．しかし，定理 6.3.1 の (1) より，
$$\int_c^x f(t) dt - \int_{c'}^x f(t) dt = \int_c^{c'} f(t) dt$$
なので，積分関数の差は定積分（＝定数）となる．

6.3 定積分の性質

定理 6.3.5 閉区間 $[a,b]$ で積分可能な関数 f とその積分関数 $F(x)$ に対し，次が成立する．
  (1) F は $[a,b]$ で連続である．
  (2) f が $c \in [a,b]$ で連続ならば，F は c で微分可能で $F'(c) = f(c)$ となる．

証明 (1) f は $[a,b]$ で有界なので，ある実数 M が存在し，$|f(x)| < M$ を満たすので，

$$\begin{aligned}
|F(x+h) - F(x)| &= \left|\int_a^{x+h} f(t)dt - \int_a^x f(t)dt\right| \\
&= \left|\int_x^{x+h} f(t)dt\right| \\
&\leq \int_x^{x+h} |f(t)|dt \\
&\leq Mh
\end{aligned}$$

が成立する．したがって，

$$\lim_{h \to 0} F(x+h) = F(x).$$

(2) f は c で連続なので，任意の $\varepsilon > 0$ に対し，ある $\delta > 0$ が存在し

$$0 < |t-c| < \delta \quad \text{ならば} \quad |f(t) - f(c)| < \varepsilon$$

が成立する．特に $|h| < \delta$ とすると

$$|f(t) - f(c)| < \varepsilon \quad (t \in [c-h, c+h])$$

が成立する．したがって

$$\begin{aligned}
\left|\frac{F(c+h) - F(c)}{h} - f(c)\right| &= \left|\frac{1}{h}\int_c^{c+h} f(t)dt - \frac{1}{h}hf(c)\right| \\
&= \frac{1}{|h|}\left|\int_c^{c+h} (f(t) - f(c))dt\right| \\
&\leq \frac{1}{|h|}\int_c^{c+h} |(f(t) - f(c))|dt \\
&\leq \frac{1}{|h|}\varepsilon|h| = \varepsilon
\end{aligned}$$

が成立し

$$F'(c) = \lim_{h \to 0} \frac{F(c+h) - F(c)}{h} = f(c)$$

を得る． □

例 6.3.6 (1) $x \geq 0$ に対し,関数
$$f(x) = \begin{cases} 1 & (x \leq 1) \\ 0 & (x > 1) \end{cases}$$
の積分関数
$$F(x) = \int_0^x f(t)dt = \begin{cases} x & (x \leq 1) \\ 1 & (x > 1) \end{cases}$$
は連続だが,$x = 1$ で微分可能でない.

(2) 1 次関数 $f(x) = px + q$ の積分関数
$$F(x) = \int_0^x f(t)dt = \frac{px^2}{2} + qx$$
は微分可能で $F'(x) = f(x)$ が成立する.

(3) $x \geq 0$ に対し,関数
$$f(x) = \begin{cases} 1 & (x \neq 1) \\ 0 & (x = 1) \end{cases}$$
の積分関数
$$F(x) = \int_0^x f(t)dt = x$$
は $x = 1$ で微分可能だが,$F'(1) = 1 \neq 0 = f(1)$. ◆◆◆

6.4 定積分と原始関数

定義 6.4.1 関数 $f : \mathbb{R} \to \mathbb{R}$ に対し,微分可能な関数 $F : \mathbb{R} \to \mathbb{R}$ で,その導関数 $F' : \mathbb{R} \to \mathbb{R}$ が f に等しいものを,f の**原始関数**という. ◆◆◆

例 6.4.2 $f : \mathbb{R} \to \mathbb{R}, f(x) = x$ とし,
$$F : \mathbb{R} \to \mathbb{R}, \ F(x) = \frac{x^2}{2}$$
$$G : \mathbb{R} \to \mathbb{R}, \ G(x) = \frac{x^2}{2} + 1$$
とする.$F'(x) = G'(x) = x$ であるから,$F' = G' = f$ である.したがって,F も G も f の原始関数である. ◆◆◆

注意　例 6.4.2 からもわかるように，1 つの関数に対し，その原始関数はあるとすれば，たくさんある．一般に，関数 F が関数 f の原始関数であれば，任意の定数 c に対し，関数 $F+c$ は f の原始関数であり，逆に f の任意の原始関数 G は適当な $c \in \mathbb{R}$ で $G = F + c$ と表される．なぜなら，$G - F$ の導関数が恒等的に 0 なので練習問題 4.6 より $G - F$ は定値関数となるからである．関数 f の原始関数に任意定数を加えたものを f の**不定積分**と呼び，これらをまとめて

$$\int f(x) dx$$

と表すことにする．この記号 $\int f(x) dx$ は定積分の記号 $\int_a^b f(x) dx$ と混同しやすいが，前者は「微分の逆操作」から得られ，後者は「面積」で定義されたものであり，本来は全く関係なく定義されたものである．しかし，次に述べる「微積分学の基本定理」からわかるように，f が連続関数ならば，$\int_a^b f(x) dx$ は原始関数に $x = a, b$ における値を用いて求めることができる．つまり，類似の記号を使用しても差し支えないと思える．

注意　定理 6.3.5 の (2) からわかるように，閉区間 $[a, b]$ で連続な関数 f の積分関数は，f の原始関数である．したがって，連続関数に関しては，積分関数と原始関数（不定積分）は混同しても差し支えないといえる．また f が連続でない場合は，例 6.3.6 の (3) からわかるように，f の積分関数は必ずしも f の原始関数とは限らない．

　定積分の計算を定義に従って求めることは，一般には非常に困難である．しかし，連続関数に関しては次の定理が成立するので，多くの連続関数に対して定積分の値が容易に計算できる．

定理 6.4.3　（微積分学の基本定理）　関数 $F : \mathbb{R} \to \mathbb{R}$ を連続関数 $f : \mathbb{R} \to \mathbb{R}$ の原始関数とする．このとき，

$$\int_a^b f(x) dx = F(b) - F(a)$$

が成立する．

証明　関数 f の積分関数

$$G : \mathbb{R} \to \mathbb{R}, \ G(x) = \int_a^x f(t) dt$$

に対し，定理 6.3.5 の (2) より

$$G'(x) = f(x)$$

であり G も f の原始関数である. よって, ある定数 c で
$$G(x) = F(x) + c$$
となる. したがって, $G(b) = F(b) + c, G(a) = F(a) + c = 0$ なので,
$$\int_a^b f(t)dt = G(b) = F(b) + c = F(b) + G(a) - F(a) = F(b) - F(a). \quad \square$$

ここで, $F(b) - F(a)$ といちいち書くのは面倒なので, 記号 $[F(x)]_a^b$ を用いて表すことにする. つまり, $[F(x)]_a^b = F(b) - F(a)$ とする.

例 6.4.4 関数 $f : \mathbb{R} \to \mathbb{R}, f(x) = x^n$ に対し,
$$F : \mathbb{R} \to \mathbb{R}, \ F(x) = \frac{x^{n+1}}{n+1}$$
とすれば, F は f の原始関数であるから
$$\begin{aligned}
\int_0^1 f(x)dx &= \int_0^1 x^n dx \\
&= [F(x)]_0^1 \\
&= \frac{1^{n+1}}{n+1} - \frac{0^{n+1}}{n+1} = \frac{1}{n+1}.
\end{aligned}$$
◆◆◆

問 6.4.5 次の関数 $f : \mathbb{R} \to \mathbb{R}$ の原始関数を求めよ.
(1) $f(x) = 3$ (2) $f(x) = 3x + 2$
(3) $f(x) = 2x^3 + x^2 - x - 2$

問 6.4.6 上の問の関数 $f : \mathbb{R} \to \mathbb{R}$ について, 閉区間 $[-1, 1]$, $[a, b]$ での定積分をそれぞれ求めよ.

例 6.4.7 連続関数 f と微分可能でその導関数が連続な関数 φ に対し, 次が成立する.
$$\frac{d}{dt} \int_a^{\varphi(t)} f(x)dx = f(\varphi(t))\varphi'(t).$$
なぜなら, f の原始関数を F とすると, 定理 6.4.3 より
$$\int_a^{\varphi(t)} f(x)dx = F(\varphi(t)) - F(a)$$
を得る. この右辺を t で微分すると, 合成関数の微分法より, 次を得る.
$$(F(\varphi(t)) - F(a))' = f(\varphi(t))\varphi'(t).$$
◆◆◆

6.4 定積分と原始関数

問 6.4.8 次の計算をせよ．

(1) $\dfrac{d}{dt}\displaystyle\int_2^{t^2}(x-1)dx$ 　　(2) $\dfrac{d}{dx}\displaystyle\int_1^{x^3-x^2}(t^2+1)dt$

(3) 連続関数 $f:\mathbb{R}\to\mathbb{R}$ に対し，$\dfrac{d}{dx}\displaystyle\int_0^{x^3}f(t)dt$

定理 6.4.9 （置換積分法） 関数 f は閉区間 $[a,b]$ で連続，φ は $[\alpha,\beta]$ で微分可能で，その導関数が連続であるとする．$\varphi(t)\in[a,b]$ ($\alpha\le t\le\beta$)，$\varphi(\alpha)=a, \varphi(\beta)=b$ ならば，次が成立する．
$$\int_a^b f(x)dx=\int_\alpha^\beta f(\varphi(t))\varphi'(t)dt.$$

証明 f の積分関数を
$$F(x)=\int_a^x f(t)dt$$
とすると，$F'(x)=f(x)$ なので，
$$(F(\varphi(t)))'=f(\varphi(t))\varphi'(t)$$
となる．したがって，
$$\int_\alpha^\beta f(\varphi(t))\varphi(t)'dt = [F(\varphi(t))]_\alpha^\beta = F(b)-F(a)$$
$$= \int_a^b f(x)dx. \qquad \square$$

例 6.4.10 定積分
$$\int_0^1 t(t^2+2)^3 dt$$
を求める．$\varphi(t)=t^2+2$ と置くと，$\varphi'(t)=2t$ より，
$$\int_0^1 t(t^2+2)^3 dt = \int_0^1 \frac{\varphi'(t)}{2}(\varphi(t))^3 dt = \frac{1}{2}\int_0^1 (\varphi(t))^3\varphi'(t)dt$$
$$= \frac{1}{2}\int_{\varphi(0)}^{\varphi(1)} x^3 dx = \left[\frac{1}{8}x^4\right]_2^3 = \frac{65}{8}. \qquad \blacklozenge\blacklozenge\blacklozenge$$

問 6.4.11 次の定積分を求めよ．

(1) $\displaystyle\int_0^1 t(3t^2-5)^3 dt$ (2) $\displaystyle\int_0^1 3x(2x^2-3)^4 dx$

(3) $\displaystyle\int_0^1 (2x+1)(x^2+x-3)^3 dx$

定理 6.4.12 （部分積分法） 関数 f, g は閉区間 $[a,b]$ で微分可能，その導関数が連続ならば，次が成立する．
$$\int_a^b f'(x)g(x)dx = [f(x)g(x)]_a^b - \int_a^b f(x)g'(x)dx.$$

証明 $(f(x)g(x))' = f'(x)g(x) + f(x)g'(x)$ なので，
$$\begin{aligned}[f(x)g(x)]_a^b &= \int_a^b (f(x)g(x))'dx \\ &= \int_a^b (f'(x)g(x) + f(x)g'(x))dx \\ &= \int_a^b f'(x)g(x)dx + \int_a^b f(x)g'(x)dx.\end{aligned}$$ □

例 6.4.13 定積分
$$\int_1^2 xe^x dx$$
を求める^(注).
$xe^x = x(e^x)'$ より，
$$\begin{aligned}\int_1^2 xe^x dx &= [xe^x]_1^2 - \int_1^2 x'e^x dx \\ &= [xe^x]_1^2 - \int_1^2 e^x dx \\ &= [xe^x]_1^2 - [e^x]_1^2 \\ &= e^2.\end{aligned}$$ ◆◆◆

---

^(注) e^x やその微分については，付録を参照せよ．

問 6.4.14 次の定積分を求めよ．

(1) $\int_0^1 2xe^x dx$ (2) $\int_1^2 (3x-2)e^x dx$ (3) $\int_2^3 x^2 e^x dx$

6.5 補足・発展 ——積分の性質——

ここでは，6.2 節で結果だけを紹介して証明しなかった，積分の性質について詳しく述べる．

> **定理 6.5.1** 有界な関数 $f: \mathbb{R} \to \mathbb{R}$ に対して，次の (1)〜(4) は互いに同値である．
> (1) f は $[a,b]$ で積分可能．
> (2) 任意の $\varepsilon > 0$ に対し，ある $[a,b]$ の分割 Δ が存在し，
> $$S_\Delta - s_\Delta < \varepsilon$$
> を満たす．
> (3) 任意の $\varepsilon > 0$ に対し，ある $[a,b]$ の n 等分の分割 Δ_n が存在し，
> $$S_{\Delta_n} - s_{\Delta_n} < \varepsilon$$
> を満たす．
> (4) $[a,b]$ の分割
> $$\Delta : a = x_0 < x_1 < \cdots < x_{n-1} < x_n = b$$
> と集合
> $$C = \{c_1, c_2, ..., c_n\} \quad (c_k \in [x_{k-1}, x_k])$$
> で定まる和 $S_{\Delta,C}$ が $|\Delta| \to 0$ のとき，C の選び方に関係なく一定の値 I に収束する．つまり，任意の $\varepsilon > 0$ に対し，ある $\delta > 0$ が存在し $|\Delta| < \delta$ ならば，C の選び方に関係なく
> $$|S_{\Delta,C} - I| < \varepsilon$$
> が成立する．

証明 (1) と (2) が同値であることは練習問題 6.5 とする.「(3) ならば (2)」は明らかなので,「(4) ならば (3)」,「(2) ならば (4)」を示す.

〔(4) ならば (3)〕 $\lim_{n \to \infty} |\Delta_n| = 0$ であるので, (4) を仮定すると, 次を得る. 任意の $\varepsilon' > 0$ に対し, ある $n \in \mathbb{N}$ が存在し, 集合 C の選び方に関係なく

$$|S_{\Delta,C} - I| < \varepsilon'$$

が成立する.

一方, 命題 2.1.3 より,

$$|M_i - f(c_i)| < \frac{\varepsilon'}{b-a}, \quad |m_i - f(c_i')| < \frac{\varepsilon'}{b-a}$$

を満たす $f(c_i)$, $f(c_i')$ ($c_i, c_i' \in [x_{i-1}, x_i]$) が存在する. そこで,

$$C = \{c_1, c_2, ..., c_n\}, \quad C' = \{c_1', c_2', ..., c_n'\}$$

とすると,

$$|S_{\Delta_n} - S_{\Delta,C}| < \sum_{k=1}^{n} |M_k - f(c_k)|(x_k - x_{k-1})$$

$$< \frac{\varepsilon'}{b-a} \sum_{k=1}^{n} (x_k - x_{k-1}) = \varepsilon'$$

$$|s_{\Delta_n} - S_{\Delta,C'}| < \sum_{k=1}^{n} |m_k - f(c_k')|(x_k - x_{k-1})$$

$$< \frac{\varepsilon'}{b-a} \sum_{k=1}^{n} (x_k - x_{k-1}) = \varepsilon'$$

が成立する. したがって,

$$|S_{\Delta_n} - s_{\Delta_n}| \leq |S_{\Delta_n} - S_{\Delta,C}| + |S_{\Delta,C} - I| + |I - S_{\Delta,C'}| + |S_{\Delta,C'} - s_\Delta| < 4\varepsilon'$$

を得る. つまり, 任意の $\varepsilon > 0$ に対し, $\varepsilon' = \dfrac{\varepsilon}{4}$ とすれば求める不等式が得られる.

〔(2) ならば (4)〕 $\varepsilon' > 0$ とする. 仮定より, ある分割

$$\Delta' : a = x_0 < x_1 < \cdots < x_n = b$$

が存在して

$$S_{\Delta'} - s_{\Delta'} < \varepsilon'$$

を満たす.

$K = \sup \{|f(x)| \mid a \leq x \leq b\}$ とおき,

$$0 < |\Delta| < \frac{\varepsilon'}{2(n-1)K}$$

6.5 補足・発展 ——積分の性質——

を満たす任意の分割
$$\Delta : a = y_0 < y_1 < \cdots < y_m = b$$
と $[a,b]$ の内点
$$\{y_1, y_2, ..., y_{m-1}\} \cup \{x_1, x_2, ..., x_{n-1}\}$$
で与えられる分割を Δ'' とすると
$$s_{\Delta'} \leq s_{\Delta''} \leq S_{\Delta''} \leq S_{\Delta'} \quad \text{(注 1)}$$
より
$$S_{\Delta''} - s_{\Delta''} \leq S_{\Delta'} - s_{\Delta'} < \varepsilon'$$
$$\Delta'' \text{ の小区間の数} \leq \Delta \text{ の小区間の数} + (n-1)$$
なので
$$|S_\Delta - S_{\Delta''}| < 2K\delta(n-1) < \frac{2K(n-1)\varepsilon'}{2(n-1)K} = \varepsilon' \quad \text{(注 2)}.$$
同様に
$$|s_\Delta - s_{\Delta''}| < 2K\delta(n-1) < \frac{2K(n-1)\varepsilon'}{2(n-1)K} = \varepsilon'.$$
したがって,
$$S_\Delta - s_\Delta \leq |S_\Delta - S_{\Delta''}| + |S_{\Delta''} - s_{\Delta''}| + |s_{\Delta''} - s_\Delta| < \varepsilon' + \varepsilon' + \varepsilon' = 3\varepsilon'.$$
ここで「(2) ならば (1)」に用いると,
$$s_\Delta \leq \sup s_f(a,b) = I = \inf S_f(a,b) \leq S_\Delta.$$
また, 任意の集合 $C = \{c_1, c_2, ..., c_m\}$ $(c_k \in [y_{k-1}, y_k])$ に対し,
$$s_\Delta \leq S_{\Delta, C} \leq S_\Delta$$
なので, 以下を得る.
$$|S_{\Delta, C} - I| \leq S_\Delta - s_\Delta < 3\varepsilon'.$$
つまり, 任意の $\varepsilon > 0$ に対し, $\varepsilon' = \dfrac{\varepsilon}{3}$ とすれば求める不等式が得られる. □

(注 1 練習問題 6.1(1) を参照せよ.
(注 2 例えば, $y_k < x_i < y_{k+1}$ とすると,
$|\sup\{f(x) \mid y_k \leq x \leq y_{k+1}\}(y_{k+1} - y_k)$
$\quad - \sup\{f(x) \mid y_k \leq x \leq x_i\}(x_i - y_k) - \sup\{f(x) \mid x_i \leq x \leq y_{k+1}\}(y_{k+1} - x_i)|$
$\leq |(\sup\{f(x) \mid y_k \leq x \leq y_{k+1}\} - \sup\{f(x) \mid y_k \leq x \leq x_i\})(x_i - y_k)|$
$\quad + |(\sup\{f(x) \mid y_k \leq x \leq y_{k+1}\} - \sup\{f(x) \mid x_i \leq x \leq y_{k+1}\})(y_{k+1} - x_i)|$
$\leq (|\sup\{f(x) \mid y_k \leq x \leq y_{k+1}\}| + |\sup\{f(x) \mid y_k \leq x \leq x_i\}|)(x_i - y_k)$
$\quad + (|\sup\{f(x) \mid y_k \leq x \leq y_{k+1}\}| + |\sup\{f(x) \mid x_i \leq x \leq y_{k+1}\}|)(y_{k+1} - x_i)$
$\leq 2K(x_i - y_k) + 2K(y_{k+1} - x_i) = 2K(y_{k+1} - y_k) < 2K\delta$

例 6.5.2 （定理 6.2.9 (1)）閉区間 $[a,b]$ で積分可能な関数 f は，閉区間 $[a_1, b_1]$ $(\subset [a,b])$ で積分可能である．

実際，閉区間 $[a,b]$ のある分割 Δ が存在し，$S_\Delta - s_\Delta < \varepsilon$ を満たすので，Δ を $[a_1, b_1]$ に制限して得られる分割を Δ' とすると，

$$S_{\Delta'} - s_{\Delta'} \leq S_\Delta - s_\Delta < \varepsilon$$

となり，定理から結論を得る．

定理 6.5.3 （定理 6.2.1）関数 $f : \mathbb{R} \to \mathbb{R}$ が閉区間 $[a,b]$ で連続ならば，f は $[a,b]$ で積分可能である．

証明 一様連続性の定理より，任意の $\varepsilon' > 0$ に対し，ある $\delta > 0$ が存在し，$|x-x'| < \delta$ $(x, x' \in [a,b])$ ならば $|f(x) - f(x')| < \varepsilon'$ を満たす．ここで，$[a,b]$ の分割

$$\Delta : a = x_1 < x_2 < \cdots < x_n = b$$

が $|\Delta| < \delta$ を満たすとすると，

$$M_i - m_i \leq \varepsilon' \quad (i = 1, 2, ..., n)$$

となる．したがって，

$$S_\Delta - s_\Delta = \sum_{k=1}^n (M_k - m_k)(x_k - x_{k-1}) \leq \varepsilon'(b-a)$$

なので，任意の $\varepsilon > 0$ に対し，$\varepsilon' = \dfrac{\varepsilon}{b-a}$ とすれば求める結果を得る． □

練習問題

6.1 区間 $[a,b]$ で定義された関数 f に対し，次の問に答えよ．
(1) 区間 $[a,b]$ の2つの分割
$$\Delta : a = x_0 < x_1 < \cdots < x_n = b, \ \Delta' : a = x_0 < y_1 < \cdots < y_m = b$$
が，$\{x_0, x_1, ..., x_n\} \subset \{y_0, y_1, ..., y_m\}$ を満たすならば，
$$s_\Delta \leq s_{\Delta'} \leq S_{\Delta'} \leq S_\Delta$$
が成立することを示せ（このとき Δ' は Δ の**細分**という）．
(2) 次の不等式
$$\sup s_f(a,b) \leq \inf S_f(a,b)$$
が成立することを示せ．
ヒント $\inf S_f(a,b) < \sup s_f(a,b)$ と仮定し，(1) を用いて矛盾を導く．

6.2 積分の定義に従い，次の定積分を求めよ．
$$\int_0^2 |x-1|\, dx$$

6.3 定理 6.2.2 を証明せよ．

6.4 実数，a, b, c, α, β $(\alpha < \beta)$ に対し，次の定積分を求めよ．(命題 6.2.2 を用いてもよい．)
$$\int_\alpha^\beta (ax^2 + bx + c) dx$$

6.5 定理 6.5.1 の (1) と (2) が同値であることを証明せよ．

6.6 定理 6.2.9 (2) を証明せよ．
ヒント fg の場合は，次の変形
$$fg = \frac{1}{4}\{(f+g)^2 - (f-g)^2\}$$
により，f^2 が積分可能であることを示せば十分であることがわかる．

6.7 次の条件を満たす関数 $f : [-1,1] \to \mathbb{R}$ の例をそれぞれ挙げよ．
(1) $\sup S_f(-1,1) = 1, \inf s_f(-1,1) = -1$ を満たす．
(2) f が積分可能で，f の積分関数 F は 0 で微分可能ではない．
(3) f が積分可能で，f の積分関数 F は微分可能だが，$F'(0) \neq f(0)$ となる．

6.8 次の定積分を求めよ．
(1) $\int_0^1 e^{2x} dx$ (2) $\int_1^2 xe^{x^2} dx$ (3) $\int_1^2 x^2 e^{x^2} dx$

基礎的な関数・論理記号

A.1 絶対値

絶対値 実数 a に対して，$|a|$ を次のように定義し，a の**絶対値**という．

$$|a| = \begin{cases} a & (a \geq 0 \text{ のとき}) \\ -a & (a < 0 \text{ のとき}) \end{cases}$$

絶対値の性質 任意の実数 a, b に対して，次が成立する．

(1) $a \leq |a|$, $|ab| = |a||b|$

(2) $|a + b| \leq |a| + |b|$, $|a - b| \leq |a| + |b|$

(3) $||a| - |b|| \leq |a - b|$, $||a| - |b|| \leq |a + b|$

例 A.1.1 よく使われる絶対値の使用例を述べておく．
実数 x に対する条件

$$a - \varepsilon \leq x \leq a + \varepsilon$$

を，絶対値を用いて表すと，

$$|x - a| \leq \varepsilon$$

となる. 例えば,
$$|x-2| \leq \frac{1}{2} \Leftrightarrow 2 - \frac{1}{2} \leq x \leq 2 + \frac{1}{2}.$$
◆◆◆

A.2 指数関数・対数関数

指数関数 $a > 0$ とする. $\dfrac{p}{q} \in \mathbb{Q}$ に対し, $a^{p/q}$ は
$$(a^{p/q})^q = a^p$$
となる正の実数である.

$x \in \mathbb{R} - \mathbb{Q}$ とする. 数列 $\{r_n\} \subset \mathbb{Q}$ で
$$\lim_{n \to \infty} r_n = x$$
となるものに対して, 極限
$$\lim_{n \to \infty} a^{r_n}$$
が存在する. この極限値を a^x と表す.

関数 f を
$$f : \mathbb{R} \to \mathbb{R}, \ f(x) = a^x$$
と定義し, **指数関数**と呼ぶ.

指数関数は, 連続関数であり, 次の**指数法則**が成立する.

$f(x) = a^x$ とすると,
$$f(x+y) = f(x)f(y).$$

指数のよく使う性質を挙げておく.

(1) $a^0 = 1$
(2) $a^{-x} = \dfrac{1}{a^x}$
(3) $a^{x+y} = a^x a^y$
(4) $(a^x)^y = a^{xy}$

対数関数 $a > 0$ とする．指数関数は値域を $\{x \in \mathbb{R} \,|\, x > 0\}$ と考えると，逆関数がある．$f : \mathbb{R} \to \{x \in \mathbb{R} \,|\, x > 0\}$, $f(x) = a^x$ の逆関数 $f^{-1} : \{x \in \mathbb{R} \,|\, x > 0\} \to \mathbb{R}$ を a を底とする対数関数といい，その値を $\log_a x$ と書く．$x, y \in \mathbb{R}$ に対し，
$$y = a^x \text{ と } x = \log_a y \text{ は同値である.}$$
対数のよく使う性質を挙げておく．

(1) $\log_a 1 = 0$
(2) $\log_a x + \log_a y = \log_a xy$
(3) $\log_a x^y = y \log_a x$
(4) $\log_a x = \dfrac{\log_b x}{\log_b a}$

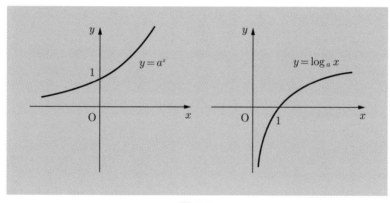

図 **A.1**

ネイピア (Napier) の数 極限値
$$e = \lim_{x \to \infty} \left(1 + \frac{1}{x}\right)^x$$
が存在することが知られていて，この数を**ネイピアの数**という．

ネイピアの数 e を底とする対数関数を**自然対数関数**といい，その値を底 e を省略して $\log x$ と書く．

対数関数，指数関数の微分

(1) $(\log x)' = \lim_{h \to 0} \frac{1}{h}(\log(x+h) - \log x) = \lim_{h \to 0} \frac{1}{x} \log\left(1 + \frac{h}{x}\right)^{x/h} = \frac{1}{x}$

(2) $(\log_a x)' = \left(\frac{\log x}{\log a}\right)' = \frac{1}{x \log a}$

(3) $f(x) = e^x$ とおくと，$\log f(x) = x$，したがって，
$$(\log f(x))' = \frac{f'(x)}{f(x)} = 1,$$
よって，
$$(e^x)' = f'(x) = f(x) = e^x.$$

(4) $(a^x)' = (e^{(\log a)x})' = (\log a) e^{(\log a)x} = (\log a) a^x$

A.3 三 角 関 数

三角関数 単位円 $\{(x_1, x_2) \in \mathbb{R}^2 \mid x_1^2 + x_2^2 = 1\}$ 上の点 $P(x_1, x_2)$ と原点 $O(0,0)$ に対し，x_1 軸の正の部分から線分 OP に反時計回りに計った角を θ とする．ただし，角 θ は，弧度法（ラジアン）で計っている，つまり，点 $(1,0)$ から点 (x_1, x_2) までを結んだ弧の長さである．このとき，関数を
$$\cos: \mathbb{R} \to \mathbb{R},\ \cos(\theta) = x_1$$
$$\sin: \mathbb{R} \to \mathbb{R},\ \sin(\theta) = x_2$$

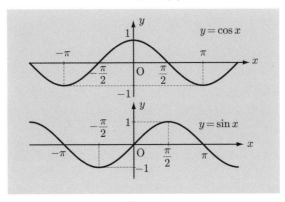

図 **A.2**

と定義する．$\cos(\theta)$, $\sin(\theta)$ などは $\cos\theta$, $\sin\theta$ などと表記する．

点 $(\cos\theta, \sin\theta)$ は単位円上の点なので，

$$(\sin\theta)^2 + (\cos\theta)^2 = 1$$

が成立する．

また，関数を

$$\tan : \mathbb{R} - \left\{ \frac{\pi}{2} + n\pi \,\middle|\, n \in \mathbb{N} \right\} \to \mathbb{R}, \ \tan\theta = \frac{\sin\theta}{\cos\theta}$$

と定義する．

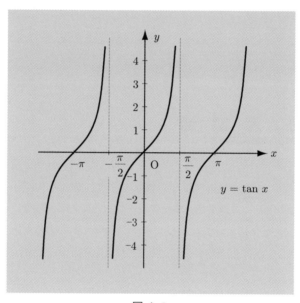

図 **A.3**

関数 $\sin x, \cos x$ に対して次の性質がある．

三角関数の加法定理

$$\sin(\alpha + \beta) = \sin\alpha\cos\beta + \cos\alpha\sin\beta$$
$$\cos(\alpha + \beta) = \cos\alpha\cos\beta - \sin\alpha\sin\beta$$

A.3 三角関数

関数 $\sin x, \cos x, \tan x$ の微分　まず次の極限を示そう．
$$\lim_{\theta \to 0} \frac{\sin \theta}{\theta} = 1.$$
下の図 A.4 において △OAB，扇形 OAB，△OAC の面積を比べると，
$$\sin \theta < \theta < \tan \theta$$
となる．したがって
$$\cos \theta < \frac{\sin \theta}{\theta} < 1$$
となる．このことより
$$\lim_{\theta \to 0} \frac{\sin \theta}{\theta} = 1.$$
以上のことより，三角関数の微分は，次のようになる．

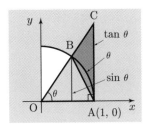

図 **A.4**

$$\begin{aligned}
(1) \quad (\sin x)' &= \lim_{h \to 0} \frac{\sin(x+h) - \sin x}{h} \\
&= \lim_{h \to 0} \frac{\sin x \cos h + \cos x \sin h - \sin x}{h} \\
&= \lim_{h \to 0} \left(\sin x \frac{\cos h - 1}{h} + \cos x \frac{\sin h}{h} \right) \\
&= -\sin x \lim_{h \to 0} \frac{\sin h}{h} \frac{\sin h}{\cos h + 1} + \cos x \lim_{h \to 0} \frac{\sin h}{h} \\
&= \cos x
\end{aligned}$$

$$\begin{aligned}
(2) \quad (\cos x)' &= \lim_{h \to 0} \frac{\cos(x+h) - \cos x}{h} \\
&= \lim_{h \to 0} \frac{\cos x \cos h - \sin x \sin h - \cos x}{h} \\
&= \lim_{h \to 0} \left(\cos x \frac{\cos h - 1}{h} - \sin x \frac{\sin h}{h} \right) \\
&= -\cos x \lim_{h \to 0} \frac{\sin h}{h} \frac{\sin h}{\cos h + 1} - \sin x \lim_{h \to 0} \frac{\sin h}{h} \\
&= -\sin x
\end{aligned}$$

$$(3) \quad (\tan x)' = \left(\frac{\sin x}{\cos x} \right)' = \frac{(\cos x)^2 + (\sin x)^2}{(\cos x)^2} = \frac{1}{(\cos x)^2}$$

A.4 論理記号

数学では数学独特の表現を使うことがよくある．特によく使う表現を，論理記号と呼ばれるもので代用することにより，表現を簡略化することができる．ここでは，その代表的な例を挙げる．

「○○○ならば△△△」を記号「⇒」を用いて

$$○○○ \Rightarrow △△△$$

と表す．このとき，○○○は△△△（であるため）の**十分条件**，△△△は○○○（であるため）の**必要条件**と呼ぶ．

例 A.4.1 (1) 実数 x に対し，

$$「x > 2 \text{ならば} x^2 > 4」$$

である．これを

$$x > 2 \Rightarrow x^2 > 4$$

で表す．このとき，$x > 2$ は $x^2 > 4$ であるための十分条件であり，$x^2 > 4$ は $x > 2$ であるための必要条件である．

(2) 2つの三角形 △ABC，△CDE に対し，

$$「△ABC \equiv △DEF \text{ならば} \angle A = \angle D」$$

である．これを

$$△ABC \equiv △DEF \Rightarrow \angle A = \angle D$$

と表す．△ABC ≡ △DEF は ∠A = ∠D であるための十分条件で，∠A = ∠D は △ABC ≡ △DEF であるための必要条件である． ◆◆◆

前述の文章を逆の矢印「⇐」を用いた場合も同じであり，

$$△△△ \Leftarrow ○○○$$

は「○○○ならば△△△」を意味し，△△△は○○○（であるため）の必要条件，○○○は△△△（であるため）の十分条件と呼ぶ．

「○○○ならば△△△，かつ△△△ならば○○○」を

$$○○○ \Leftrightarrow △△△$$

で表す．このとき，△△△は○○○（であるため）の**必要十分条件**と呼ぶ．また，○○○と△△△は**同値**であるというときもある．

数学において，「定義」は不可欠である．定義に関しても論理記号を決めておくと便利である．「○○○を△△△で定義する」を

$$○○○ \overset{\text{def}}{\Leftrightarrow} △△△$$

で表す．

例 A.4.2 (1) 四角形 ABCD が平行四辺形であるとは，2 組の対辺 AB, CD と BC, DA がそれぞれ平行であるときをいう．つまり，四角形 ABCD が平行四辺形であることを，AB // DC かつ BC // AD で定義する．これを論理記号を用いて表すと，

$$\text{四角形 ABCD が平行四辺形} \overset{\text{def}}{\Leftrightarrow} \text{AB // DC かつ BC // AD}$$

となる．

四角形 ABCD が平行四辺形ならば AB // DC かつ AB = DC であり，逆に，AB // DC かつ AB = DC ならば四角形 ABCD が平行四辺形なので，条件「AB // DC かつ AB = DC」は四角形 ABCD が平行四辺形であるための必要十分条件である．したがって，

$$\text{四角形 ABCD が平行四辺形} \Leftrightarrow \text{AB // DC かつ AB = DC}$$

と表せる．

(2) △ABC が ∠A を頂角とする二等辺三角形であることの定義は，AB = AC であり，条件 ∠B = ∠C は必要十分条件である．したがって，これを論理記号で表すと，

$$\triangle\text{ABC が } \angle\text{A を頂角とする二等辺三角形} \overset{\text{def}}{\Leftrightarrow} \text{AB = AC}$$
$$\Leftrightarrow \angle B = \angle C$$

となる．

連続関数の定義を思い出してみよう．関数 $f : \mathbb{R} \to \mathbb{R}$ が $a \in \mathbb{R}$ で連続であるとは，

<u>任意の $\varepsilon > 0$ に対し，ある $\delta > 0$ が存在して次の条件
「$0 < |x - a| < \delta \Rightarrow |f(x) - f(a)| < \varepsilon$」を満たす．</u>

ここで，「任意の○（に対し）」を「$\forall$ ○」，「○が存在（する）」を「$\exists$ ○」で表す．また，下線部分を英訳すると，

For any $\varepsilon > 0$, there is $\delta > 0$ such that
$$0 < |x - a| < \delta \quad \Rightarrow \quad |f(x) - f(a)| < \varepsilon$$

となるが，「such that」を記号「s.t.」で略して表現する．「s.t.」は多くの場合「$\exists$」を伴って用いられる．つまり，「○○○となる△が存在する」や「△が存在し，○○○を満たす」を「$\exists$ △ s.t. ○○○」と表す．これらの記号を用いれば，上の定義は次のように表現できる．

$$\forall \varepsilon > 0, \ \exists \delta > 0 \quad \text{s.t.}$$
$$0 < |x - a| < \delta \quad \Rightarrow \quad |f(x) - f(a)| < \varepsilon.$$

例 A.4.3 数列 $\{a_n\}$ に対し，$\lim_{n \to \infty} a_n = \alpha$ とは，任意の $\varepsilon > 0$ に対し，ある自然数 N が存在して次の条件

$$N < n \quad \Rightarrow \quad |a_n - \alpha| < \varepsilon$$

を満たすときをいう．これを論理記号で表すと，

$$\lim_{n \to \infty} a_n = \alpha$$
$$\overset{\text{def}}{\Leftrightarrow} \quad \forall \varepsilon > 0, \ \exists N \in \mathbb{N} \quad \text{s.t.} \quad N < n \quad \Rightarrow \quad |a_n - \alpha| < \varepsilon$$

となる．

問 A.4.4 数列 $\{a_n\}$ に対し，次の定義を論理記号で表せ．
(1) $\lim_{n \to \infty} a_n = \infty$
(2) $\lim_{n \to \infty} a_n = -\infty$

最後に，ここで紹介した論理記号を表にまとめておく．

論理記号	意味
○○○ ⇒ △△△	○○○ならば△△△ ○○○は△△△（であるため）の十分条件 △△△は○○○（であるため）の必要条件
○○○ ⇔ △△△	○○○ならば△△△，かつ△△△ならば○○○ △△△は○○○（であるため）の必要十分条件 ○○○と△△△は同値
○○○ $\overset{\mathrm{def}}{\Leftrightarrow}$ △△△	○○○を△△△で定義する
∀○	任意の○（に対し） for any ○
∃○	○が存在（する） there is (are, exist(s)) ○
s.t. ○○○	○○○となる… ○○○を満たす… such that ○○○
∃△ s.t. ○○○	○○○となる△が存在する △が存在し，○○○を満たす there is (are, exist(s)) △ such that ○○○

A.5 対　　偶

次の形の命題（主張）

$$○○○ \Rightarrow △△△$$

に対し，

$$△△△でない \Rightarrow ○○○でない$$

を元の命題の**対偶**という．命題とその対偶は同値である．つまり，

$$\lceil \bigcirc\bigcirc\bigcirc \Rightarrow \triangle\triangle\triangle \rfloor \quad \Leftrightarrow \quad \lceil \triangle\triangle\triangle でない \Rightarrow \bigcirc\bigcirc\bigcirc でない \rfloor$$

が成立する．

例 A.5.1 収束する数列 $\{a_n\}$, $\{b_n\}$ に対し，次が成立する．
$$\forall n \in \mathbb{N}, \ a_n \leq b_n \quad \Rightarrow \quad \lim_{n\to\infty} a_n \leq \lim_{n\to\infty} b_n.$$

これの対偶は，
$$\lim_{n\to\infty} a_n > \lim_{n\to\infty} b_n \quad \Rightarrow \quad \exists n \in \mathbb{N} \ \text{s.t.} \ a_n > b_n$$

となる．「任意の△に対し，○○○が成立」を否定すると，「ある△が存在し，○○○が成立しない」である．「任意の△に対し，○○○が成立しない」ではないことに注意する． ◆◆◆

　直観的に正しそうな命題の証明は，何を示せばよいか迷うことがある．そのような場合は，対偶をとってみると示すべき事がハッキリし，証明できることがままある．証明につまずいたときは，とりあえず対偶を考えてみることをお勧めする．

　次の形の命題
$$\bigcirc\bigcirc\bigcirc を仮定すると，\triangle\triangle\triangle が成立する．$$

を証明するのに，
$$\triangle\triangle\triangle が成立しないとすると，\bigcirc\bigcirc\bigcirc が成立しない．$$

を示すことにより，仮定との矛盾を導き，「△△△が成立する」と結論付けることがある．これは**背理法**と呼ばれる証明方法であるが，「△△△が成立しないとすると，○○○が成立しない」は，命題「○○○を仮定すると，△△△が成立する」の対偶であるので，背理法で証明することと，対偶を証明することは本質的に同じことである．

索　　引

あ　行

値　　7
アルキメデスの定理　　23
鞍点　　98
1次関数　　9
1変数関数　　13
一様連続　　49
一様連続性の定理　　49
上に有界　　18
大きさ　　79

か　行

開円板　　92
開区間　　3
階乗　　69
下界　　18
下限　　18
関数　　7, 13
関数の合成　　10
関数の商　　10
関数の積　　10
関数の絶対値　　10
関数の和　　10
逆写像　　13
逆像　　13
狭義の極小値　　96
狭義の極大値　　96
共通集合　　4
極限　　36, 38, 79
極限値　　21

極限の一意性　　21, 39
極小値　　62, 96
極大値　　62, 96
極値　　62
距離　　79
近似値　　57
空集合　　2
区間　　3
グラフ　　11
元　　1
限界代替率　　86
原始関数　　112
減少　　65
項　　19
高位の無限小　　70, 92
合成関数　　10
恒等関数　　9
コーシーの平均値の定理　　67
コーシー列　　29
誤差　　82
誤差関数　　72
弧度法　　125

さ　行

最小値　　3
最大値　　3
最大値・最小値の原理　　46, 48
細分　　121
差集合　　4
3階導関数　　69
三角関数　　125

三角関数の加法定理　126
指数関数　123
指数法則　123
自然対数関数　124
下に有界　18
実数の完備性　29
実数倍　10
写像　12
集合　1, 2
収束　20, 21
十分条件　128
順序対　4
上界　18
上限　18
振動　23
数列　19
正定値　96
正の無限大に発散　22
積分可能　103
積分関数　110
積分区間　103
積分区間の加法性　109
絶対値　79, 122
全射　12, 13
全単射　13
像　12
増加　65
増減表　66

た 行

対偶　131
対数関数　124
多項式関数　9, 77
多変数関数　77
単射　12, 13
単調減少　23

単調増加　23
値域　7, 12
置換積分法　115
中間値の定理　46, 47
直積集合　4
底　124
定義域　7, 12
定積分　103
定積分の線形性　109
定積分の単調性　109
定値関数　9
定発散　23
テイラーの定理　72, 95
導関数　53
同次多項式関数　78
同値　129

な 行

2 階導関数　69
2 次関数　9
2 変数関数　15
ネイピアの数　124

は 行

背理法　132
はさみうち　80
発散　21
微積分学の基本定理　113
左半開区間　3
必要十分条件　129
必要条件　128
微分　60, 82
微分可能　53, 82
微分係数　53
不定積分　113
負定値　96

不定発散　23
負の無限大に発散　22
部分集合　2
部分積分法　116
部分列　27
分割　101
分割の幅　101
平均値の定理　63, 109
平均変化率　51
閉区間　3
ヘシアン行列　97
変数　77
偏微分係数　84
方向微分　88
方向微分可能　88
ボルツァノ-ワイエルシュトラスの定理　28

ま 行

右半開区間　3

や 行

有界　18
良い近似　59

要素　1

ら 行

ラジアン　125
ランダウの記号　70
連続　39, 44, 81
連続の公理　18
ロピタルの定理　68
ロルの定理　63

わ 行

和集合　4

欧字

C^∞-級関数　69
C^∞-級関数　93
C^k-級関数　93
C^r-級関数　69
ε-δ 論法　38
k 階偏導関数　93
n 次テイラー多項式関数　72
n 変数関数　77
r 階導関数　69
r 回微分可能　69

著者略歴

沢田 賢（さわだ けん）
1981 年　早稲田大学大学院理工学研究科博士課程修了
現　在　早稲田大学商学部教授　理学博士

田中 心（たなか こころ）
2006 年　東京大学大学院数理科学研究科博士課程修了
現　在　東京学芸大学教育学部准教授　博士（数理科学）

安原 晃（やすはら あきら）
1991 年　早稲田大学大学院理工学研究科修士課程修了
現　在　津田塾大学学芸学部教授　博士（理学）

渡辺展也（わたなべ のぶや）
1984 年　早稲田大学大学院理工学研究科修士課程修了
現　在　早稲田大学商学部准教授　理学博士

サイエンスライブラリ　数学＝32

大学で学ぶ 微分積分 ［増補版］

2005 年 1 月 25 日 Ⓒ	初版　発行
2016 年 2 月 25 日	初版第 11 刷発行
2017 年 3 月 25 日 Ⓒ	増補第 1 刷発行

著　者　沢田　賢	発行者　森平敏孝
田中　心	印刷者　杉井康之
安原　晃	製本者　関川安博
渡辺展也	

発行所　株式会社　サイエンス社

〒151-0051　東京都渋谷区千駄ヶ谷 1 丁目 3 番 25 号
営業 ☎(03) 5474-8500（代）　振替 00170-7-2387
編集 ☎(03) 5474-8600（代）　FAX (03) 5474-8900

印刷　（株）ディグ　　製本　関川製本所

《検印省略》

本書の内容を無断で複写複製することは，著作者および出版者の権利を侵害することがありますので，その場合にはあらかじめ小社あて許諾をお求め下さい．

ISBN978-4-7819-1398-8

PRINTED IN JAPAN

サイエンス社のホームページのご案内
http://www.saiensu.co.jp
ご意見・ご要望は
rikei@saiensu.co.jp　まで．